Saggi Tascabili Bollati Boringhieri
84

Gabriel Chardin

L'ANTIMATERIA

LA MATERIA CHE RISALE IL TEMPO

Traduzione di Roberto Salvadori

CELVM STELLATVM

Bollati Boringhieri

Prima edizione in «Saggi Tascabili Bollati Boringhieri» febbraio 2023

Titolo originale *L'Antimatière, la matière qui remonte le temps*

Torino, corso Vittorio Emanuele II, 86
Gruppo editoriale Mauri Spagnol
ISBN 978-88-339-4156-1

www.bollatiboringhieri.it

Stampato da Rotomail Italia S.p.A. di Vignate (Mi)

Anno				Edizione						
2026	2025	2024	2023	1	2	3	4	5	6	7

Indice

Prefazione

Questo libro vuole invitare il lettore alla scoperta del mondo speculare dell'antimateria, un mondo così vicino al nostro che è praticamente impossibile distinguerlo dal nostro mondo di materia. Il paradosso di questo mondo, che appare come lo specchio del nostro, risiede nel suo carattere estremamente pericoloso: l'incontro fra il mondo di materia e quello di antimateria porta infatti a una conflagrazione di estrema violenza e alla completa eliminazione di almeno uno dei protagonisti.

Immaginiamo così per un istante che la nostra cara vecchia Terra si ritrovi a un tratto costituita in parti uguali di materia e antimateria. Il nostro pianeta sarebbe immediatamente colpito da una deflagrazione immensamente più devastante di quella derivante dall'esplosione di una bomba H. Incontrando l'antimateria, la materia si annichilirebbe quasi istantaneamente in uno scatenamento di energia che in una frazione di secondo raggiungerebbe una temperatura di circa un miliardo di gradi. La gigantesca esplosione provocata da questo disastroso incontro fra particelle e antiparticelle si dilaterebbe ben presto in una bolla di fuoco, che anzitutto si estenderebbe con una velocità vicina a quella della luce. Una volta giunta ai confini del sistema solare, a sei miliardi di chilometri dalla Terra, l'esplosione avrebbe ancora una velocità di parecchi chilometri al secondo e una potenza sufficiente per ardere la superficie di Plutone con la sua temperatura di circa mille gradi.

Questo scenario catastrofico, e fortunatamente irreale, ci permette di renderci conto del fatto che l'antimateria può esistere nelle nostre vicinanze soltanto in scarsissime quantità. Basti pensare, infatti, che qualche grammo di antimateria, con una massa esigua come ad esempio quella di una penna, sarebbe sufficiente, annichilendosi con la materia circostante, per radere al suolo intere città delle dimensioni di Parigi. È forse quest'aspetto della faccenda che induce i militari a consultare con tanta attenzione le pubblicazioni sull'antimateria. Infatti, a differenza delle bombe nucleari, che convertono in energia radioattiva solo una minima parte (circa l'1%) della massa della bomba, una bomba di antimateria, a saperla realizzare, avrebbe un rendimento estremo, pari al 100%.

Ben lontano da questi sogni bellici, lo scienziato cerca ancora oggi di dare risposte ai seguenti interrogativi: l'universo contiene in pari quantità materia e antimateria? Dov'è andata a finire tutta l'antimateria che c'era all'inizio dell'universo? Perché la natura si è presa la briga di creare un mondo specchio che oggi brilla per la sua assenza?

Per tentare di rispondere a queste domande, cercheremo in primo luogo di capire come la nozione di antimateria sia apparsa nel corso della scoperta della struttura delle particelle. Ripercorrendo la storia dell'universo e della sua tumultuosa giovinezza, cercheremo di capire quale ruolo, sempre più marginale col placarsi dell'universo, abbia potuto svolgere l'antimateria. Andremo poi alla ricerca dei mondi di antimateria, partendo dal sistema solare per risalire verso le galassie e le grandi strutture dell'universo.

Cercheremo quindi di comprendere i meccanismi che possono portare alla morte e alla combustione finale della materia studiando due processi – la morte del protone e l'evaporazione dei buchi neri – che destituiscono di senso la nozione di materia (e quindi di antimateria) e che molto probabilmente governeranno il futuro remoto dell'universo. Gli indizi che ci fornirà lo studio dei buchi neri sul possibile colpevole dell'asimmetria materia-antimateria ci indurranno a sostenere una tesi sorprendente: la relatività generale potrebbe prevedere per l'antimateria una gravità repulsiva. L'osservazione, a partire dal 1998, di un'accelerazione nell'espansione dell'universo attribuita a una misteriosa «energia nera», induce a prendere sul serio una tale ipotesi, benché essa presenti notevoli difficoltà. Il campo della cosmologia è in piena rivoluzione e centinaia di saggi vengono dedicati a questa misteriosa componente repulsiva del nostro universo.

Giacché per progredire nella comprensione dell'antimateria occorrerà padroneggiare la sua fabbricazione e quella di antiatomi a bassissima energia, descriveremo infine gli sforzi compiuti al CERN dall'inizio degli anni novanta per produrre i primi atomi di antiidrogeno. Riepilogherò così il lento cammino verso la fabbricazione di antiatomi sufficientemente freddi da essere conservati in trappole magnetiche. Da questa paziente analisi l'uomo troverà forse il modo di utilizzare il mondo di antimateria per meglio governare l'universo.

L'antimateria

RINGRAZIAMENTI

Un ringraziamento agli amici ricercatori e studenti che hanno riletto e commentato le due edizioni di questa opera dedicata all'antimateria. In particolare ringrazio i miei colleghi Alain de Lesquen, James Rich, Jean-François Glicenstein e Jacques Fric. I loro consigli e la loro attenta lettura hanno permesso di migliorare l'opera. Sono molto grato anche ai redattori e ai correttori delle Editions du Pommier. Senza di loro questa seconda edizione non avrebbe visto la luce. Grazie infine al servizio di documentazione del CERN per aver autorizzato l'utilizzazione di grafici e immagini.

1.

Alla scoperta del mondo specchio

Un mondo specchio

Fu senza dubbio per amore di simmetria che sin dalla fine del XIX secolo sir Arthur Schuster, un fisico britannico di origine tedesca, immaginò l'esistenza di un mondo specchio di antimateria, i cui atomi avevano proprietà esattamente opposte – ma in che senso opposte? – a quelle degli atomi della materia ordinaria. Intuizione geniale, ma senza prospettive per il futuro in assenza di un formalismo che ne potesse sostenere l'elaborazione. La vera costruzione dell'antimateria avrebbe dovuto attendere ancora trent'anni, finché la meccanica quantistica cercò di coniugarsi con la relatività ristretta.

Mentre la meccanica classica di Newton descrive oggetti capaci di spostarsi a velocità arbitrariamente grandi, la meccanica relativistica, al contrario, stabilisce che non si può andare più rapidi della velocità della luce. La meccanica newtoniana è dunque solo un'approssimazione della meccanica relativistica, quella delle velocità deboli rispetto alla velocità della luce. Allo stesso modo, la meccanica classica di Newton, quella delle certezze, è solo un'approssimazione di quella quantistica, che è una meccanica delle probabilità. Mentre nella meccanica di Newton gli oggetti hanno una velocità e una posizione perfettamente definite, la meccanica quantistica riconosce che tale certezza non è assoluta, e anzi può essere del tutto impossibile parlare simultaneamente della velocità e della posizione di una molecola.

Negli anni venti, il fisico austriaco Erwin Schrödinger aveva appena formulato l'equazione, che adesso porta il suo nome, che descrive il comportamento dei sistemi quantistici ispirandosi alle equazioni della meccanica classica elaborate da Newton. La relatività, ideata da Einstein già da tempo (nel 1905), aveva avuto all'epoca una buona accoglienza. Fu dunque assolutamente naturale, verso la fine degli anni venti, per il fisico britannico Paul Adrien Maurice Dirac, lanciarsi alla ricerca di un'equazione che predicesse il comportamento degli elettroni, e che fosse quantistica pur basandosi sulle equazioni della relatività ristretta e non su quelle della meccanica newtoniana. Se infatti si voleva che l'edificio della fisica conservasse la sua coerenza, diventava urgente cercare di costruire un'equazione che regolasse insieme il sistema quantistico e quello relativistico. Dopo alcuni tentativi, nel 1928 Dirac riuscì a formulare un'equazione che aveva praticamente la stessa forma di quella di Schrödinger, ma si rese anche conto che a ogni risoluzione di energia positiva fornita dalla sua equazione si poteva associare una risoluzione di energia negativa.[1]

Al pari di Schuster, Dirac era guidato dalla ricerca della simmetria. Dal momento che era previsto dalle sue equazioni, secondo lui quel mondo specchio doveva esistere da qualche parte e avere lo stesso rilievo del mondo della materia: «Se accettiamo la visione di una completa simmetria fra cariche positive e negative nelle leggi fondamentali della natura», dichiarò Dirac nel corso della cerimonia per l'assegnazione del premio Nobel, «allora dobbiamo considerare accidentale il fatto che la Terra (e senza dubbio l'insieme del sistema solare) contenga perlopiù elettroni negativi e protoni positivi. Può darsi infatti che esistano altrettante stelle di due tipi. I due tipi di stelle avrebbero esattamente lo stesso spettro luminoso e non ci sarebbe modo di distinguerle con gli attuali metodi astronomici».

Dirac enuncia qui due questioni fondamentali: se la teoria non è in grado di distinguere fra materia e antimateria, ed esiste un mondo di antimateria equivalente al nostro, allora dove si nasconde? E

[1] Per spiegare il raddoppio delle risoluzioni rispetto all'equazione non relativistica di Schrödinger, possiamo riferirci alla relazione fra l'energia, la massa e l'impulso relativistici di una particella. Poiché tale relazione dà un numero al quadrato, ogni risoluzione di energia positiva è associata a un'altra di energia negativa. Tradotta in termini di equazione d'onda, si tratta dell'equazione di Klein-Gordon (dal nome dei due fisici che l'hanno formulata). L'equazione di Dirac è però più complessa, perché introduce anche lo *spin*, una sorta di movimento di rotazione interno alla particella, che raddoppia ancora il numero delle risoluzioni.

come si deve «discutere» con i mondi lontani per sapere in anticipo se l'incontro tra i «rappresentanti» dei due mondi porterà ad abbracci fraterni o viceversa a una catastrofica esplosione?

Secondo Dirac, il problema principale posto dalle risoluzioni di energia negativa era legato all'instabilità del vuoto che sembra implicare la loro esistenza: in effetti, queste equazioni suggeriscono che, senza fornire energia, ossia in modo completamente gratuito, si potrebbe produrre una coppia di molecole – l'una di energia positiva, l'altra di energia negativa – contrapposte e di grandezza indeterminata. In altri termini, niente impedirebbe al vuoto, la cui energia è nulla, di essere instabile, mentre in realtà chiunque sa che non si ha niente senza niente, e che senza apporti esterni il vuoto resta disperatamente vuoto...

La teoria di Dirac fu accolta con diffidenza e talora, soprattutto in Francia, con viva resistenza. Per rispondere alle critiche in merito all'instabilità associata alla sua equazione, Dirac immaginò che tutte le risoluzioni di energie negative fossero in effetti occupate da particelle e che, per osservare una particella di energia negativa, bisognasse anzitutto cominciare a sloggiare una particella installata in uno di quegli stati di energia negativa. Un osservatore penserebbe allora di vedere due particelle, mentre in realtà osserverebbe solo la particella espulsa, passata nel campo infinitamente vasto delle energie positive, e il «buco» lasciato dietro di sé. Questa interpretazione, presto denominata *mare di Dirac* per descrivere l'oceano dei livelli di energia negativa già riempiti, ha l'inconveniente di attribuire alla particella statuti diversi a seconda che sia di energia positiva o negativa. Perciò oggi non la si utilizza più.

Negli anni venti, il mondo delle particelle, che era ancora all'inizio della sua esplorazione e limitato alla materia ordinaria, pareva che potesse essere costruito a partire dai soli protoni, elettroni e neutroni. Per un criterio di economia, ovvero quello di non introdurre nuove particelle inutili, Dirac cercò di approfittare di questa dissimmetria introdotta dal modello del mare e formulò l'ipotesi che le particelle di energia negativa, i buchi, fossero dei protoni. Ma il matematico tedesco Hermann Weyl fece ben presto notare che, nella misura in cui l'equazione di Dirac trattava in modo perfettamente simmetrico le risoluzioni di energia positiva e negativa, era necessario che avessero masse rigorosamente uguali.

Quattro anni dopo, nel 1932, il fisico americano Carl Anderson confermò clamorosamente questa ipotesi, individuando nella radiazione cosmica una particella che aveva la stessa massa dell'elettrone ma carica opposta. Si osservò ben presto che indietreggiando nella materia il positrone si disintegrava in due fotoni gamma che, come vedremo, sono la propria antiparticella. La scoperta di Anderson fu rapidamente confermata, non più stavolta utilizzando la radiazione cosmica, ma producendo direttamente antimateria col bombardamento dei nuclei mediante radiazioni gamma per creare coppie elettrone-positrone, ciò che chiameremmo oggi la *reazione inversa dell'annichilazione*. Inoltre, siccome l'esperienza dimostrava che ci voleva un'energia positiva per creare una coppia particella-antiparticella, fu restaurata la stabilità del vuoto, per un istante minacciata.

La scoperta del positrone comportò una nuova ipotesi, quella dell'esistenza di un'antiparticella gemellata a ogni particella e di un mondo specchio finora inosservato. In effetti, una volta trovato il positrone, fu forte la tentazione di generalizzare la nozione di antiparticella e di individuare l'antiprotone e l'antineutrone, ristabilendo così la simmetria del piccolo mondo delle particelle conosciuto all'epoca. Se l'elettrone aveva la sua antiparticella, perché mai non dovevano averla il protone e il neutrone? Ma questi sono molto più pesanti dell'elettrone. Fabbricare un antiprotone o un antineutrone richiede un'energia circa 1800 volte superiore a quella necessaria per la fabbricazione di un positrone. Ecco perché dopo la scoperta del positrone dovettero passare ventitré anni prima che Emilio Segré, Owen Chamberlain, Clyde Wiegand e Tom Ypsilantis scoprissero, nel 1955, l'antiprotone e, un anno dopo, l'antineutrone. In entrambi i casi, la scoperta fu realizzata non più osservando la radiazione cosmica, ma utilizzando un acceleratore di particelle costruito allo scopo di creare l'antiprotone: il Bevatron del Berkeley Radiation Laboratory.

Dopo queste due successive scoperte, si sarebbe potuto pensare che l'attività si sarebbe fermata lì, poiché le tre particelle di base a partire dalle quali è possibile costruire tutta la materia ordinaria avevano ora trovato la propria antiparticella. Ma nel trentennio trascorso fra la scoperta del positrone e la realizzazione di un acceleratore di particelle abbastanza potente da fabbricare l'antiprotone furono scoperte nella radiazione cosmica altre particelle instabili, come il muone e il kaone, che allora avevano nomi diversi dagli attuali. Negli anni sessanta, con l'aumento della potenza degli acceleratori di particelle, fu scoperto un autentico zoo di particelle, il quale lasciava intendere che la loro fisica era assai complessa, forse non meno della chimica, con le sue miriadi di composti. Ma questa complessità, come vedremo soltanto apparente, si atteneva a una regola semplicissima: a ogni particella corrisponde sempre un'antiparticella dotata – così pareva – di proprietà estremamente simili a quelle della particella. Cosicché oggi non esiste alcuna particella, per quanto instabile, che non abbia la propria antiparticella. È come se la natura avesse fatto due volte il suo lavoro.

Ci pensò il fisico danese Gerhart Lüders a chiarire un po' la situazione, dimostrando per quale motivo il mondo della materia e il mondo specchio dell'antimateria fossero tanto simili: ogni teoria fisica «ragionevole» doveva rispettare la simmetria CPT. Prima di riassumere il *teorema CPT* dimostrato da Lüders, cominciamo a descrivere le tre operazioni che intervengono nel teorema.

Inversione della carica

La prima operazione, contraddistinta dalla C (che sta per «carica»), viene chiamata *coniugazione di carica*, in ragione dell'inversione del ruolo e delle cariche fra particella e antiparticella quando si applica la trasformazione. Partiamo, ad esempio, da un esperimento che realizzi una collisione fra particelle (nulla vieta di utilizzare delle antiparticelle).[2] Registriamo accuratamente velocità e posizione di ciascuna particella coinvolta. Adesso, per applicare la trasformazione C a questo esperimento reale, costruiamone uno immaginario: ogni volta che incontriamo una particella, sostituiamola con la sua antiparticella imponendole di seguire esattamente la stessa traiettoria che la particella aveva all'inizio. Quando ci troveremo di fronte a delle antiparticelle, le rimpiazzeremo, alle stesse condizioni, con le loro anti-antiparticelle, cioè con le particelle corrispondenti.

[2] Per realizzare esperimenti con particelle e antiparticelle occorrono condizioni di vuoto assolute per evitare la prematura annichilazione fra antiparticelle e gas residuo. Al riguardo, vedi il Capitolo 5.

Assistendo, ad esempio, a una collisione fra protone e antineutrone, la trasformazione C descriverà la «stessa» collisione, ma stavolta fra un antiprotone e un anti-antineutrone, ossia un neutrone.

Una volta realizzata l'operazione, niente ci dice ancora che il nuovo esperimento possa verificarsi in natura. Poniamoci allora la domanda: se partiamo da una situazione che sappiamo consentita dalla natura e dove si applica la trasformazione C – sostituendo quindi ogni particella con la sua antiparticella seguendo la stessa traiettoria –, la nuova situazione che si viene così a creare è consentita o no in natura? Se la risposta è sì, diremo che l'esperimento rispetta la simmetria C; in caso contrario, che la viola.

Dietro lo specchio

Prima di rispondere alla domanda se la natura rispetti sempre o no la simmetria C (voi che ne pensate?), cerchiamo adesso di definire la trasformazione P (che sta per «parità»). Salvo un piccolo particolare tecnico che qui trascuriamo, l'operazione P è l'operazione «specchio». Per capire cosa intendiamo con ciò, procediamo come si è già fatto con la trasformazione C. Applicare la trasformazione P a un esperimento reale significa immaginare come esso apparirebbe in uno specchio. Si noti bene che, a differenza della trasformazione C, che scambiava i ruoli di particelle e antiparticelle, qui una particella resta tale (così come, del resto, un'antiparticella) sotto l'azione della trasformazione P, poiché cambia solo la posizione, e non la natura, delle particelle. Come nel caso della trasformazione C, possiamo ora chiederci se, a partire da un esperimento legittimato dalla natura, anche la situazione riflessa nello specchio sia consentita dalla natura.

Siamo così abituati a guardarci allo specchio pensando di scorgervi una situazione «reale» che l'interrogativo può apparire sciocco; e del resto fu un po' così che reagì nel 1956 la maggior parte degli specialisti quando i giovani fisici teorici cinesi Tsung-Dao Lee e Chen Ning Yang si chiesero se le leggi della natura rispettassero la simmetria specchio P. Può sembrarci «evidente» che se vediamo una disposizione di oggetti in uno specchio, la stessa situazione possiamo realizzarla nella realtà. Non è evidente, ad esempio, che se la versione continentale di un'auto con la guida a sinistra funziona in un certo modo, la versione «inglese» con la guida a destra, costruita sostituendo ciascun pezzo con la sua versione speculare (attenzione: è vietato barare usando gli stessi pezzi!), funzionerà esattamente come la versione continentale?

Risalendo il corso del tempo

Rimandando la risposta anche a questa seconda domanda, passiamo ora alla terza trasformazione, la trasformazione T (che sta per «tempo»). Applicare tale trasformazione a un esperimento reale è come filmare l'esperimento per poi proiettare la pellicola all'incontrario. Si ottiene un nuovo esperimento di cui, ancora una volta, non sappiamo a priori se sia realizzabile in natura. Anche in questo caso, infatti, possiamo chiederci se la natura rispetti o no la simmetria T; se cioè, partendo da un esperimento reale, quello che si vede nel film proiettato all'incontrario possa rappresentare una situazione realizzabile in natura.

Tutti noi ci siamo divertiti a guardare le buffe situazioni risultanti da un film proiettato all'incontrario: le pile di piatti che si erano fracassate sull'impiantito si ricompattano per balzare di nuovo sulla tavola da cui erano precipitate; il tubetto di dentifricio strizzato con tanta foga dal bambino ringhiotte la pasta fuoriuscita riempiendo, contro ogni logica, il tubetto. A voler essere più nostalgici, se una cinepresa registrasse un'immagine al minuto del nostro volto, ci vedremmo invecchiare quasi a vista d'occhio, mentre guardando il film proiettato all'incontrario ci vedremmo tornare indietro al vigore della giovinezza e all'infanzia.

Nelle situazioni della vita ordinaria sappiamo bene in che direzione si svolge il film della nostra vita, né abbiamo dubbi sul fatto che il tempo scorre in un unico senso ed è impossibile tornare indietro a cancellare gli errori del passato o rivivere i momenti felici e le remote esperienze della nostra esistenza. Ma cosa accade nel contesto degli esperimenti della fisica? Se osserviamo un esperimento di fisica delle particelle, che oggi rappresenta ciò che concepiamo come l'essenza stessa dei processi microscopici, siamo in grado di determinare se il film è stato proiettato nel verso giusto o al contrario?

Il sacrosanto teorema CPT

Prima di rispondere finalmente a questa domanda, torniamo al teorema CPT, che costituisce la scoperta di Lüders. Esso afferma che, se si filma il riflesso in uno specchio (trasformazione P) di un mondo dove le particelle sono sostituite da antiparticelle (trasformazione C), questo film proiettato all'incontrario (trasformazione T) mostrerà processi che sono possibili anche nel nostro mondo di materia. Le ipotesi che permettono la dimostrazione del teorema CPT sono estremamente generali, e la maggior parte dei fisici è quanto meno reticente e sospettosa quando viene presentata una teoria che viola la famosa simmetria prodotta dalle trasformazioni C, P e T. Si noti bene che si tratta (soltanto) di un teorema valido solo a partire da certe ipotesi. Per quel che ne sappiamo oggi, tutti i fenomeni fisici possono ricondursi a quattro tipi di interazioni: l'interazione elettromagnetica (quella dei campi elettrici e magnetici a noi familiari), l'interazione forte (quella, di brevissima portata, che regola le interazioni nucleari), l'interazione debole (responsabile di talune disintegrazioni, come quella del neutrone) e infine l'interazione gravitazionale (così evidente per il peso che ci impone nel corso della giornata, ma indubbiamente la più enigmatica dal punto di vista teorico). Così, se si è quasi certi che il teorema CPT è valido per le forze elettromagnetiche, deboli e forti, non si è in grado di dimostrarlo (e abbiamo perfino motivi per supporre che non sia rigorosamente esatto) nel caso della gravitazione.[3]

Una delle principali conseguenze del teorema è relativa al rapporto tra materia e antimateria. Esso comporta, infatti, che al nostro mondo di materia corrisponda un mondo di antimateria estremamente simile al nostro dal momento che, ad esempio, ogni antiparticella deve avere la stessa massa e la stessa durata di vita della particella associata, e una carica elettrica di valore esattamente opposto.

[3] Nel 2000, il fisico Franz Klinkhamer dell'Università di Karlsruhe ha anche elaborato un esempio esplicito di violazione della simmetria CPT. Questo meccanismo di violazione necessita di un universo «chiuso su se stesso» secondo una geometria che ricorda le curvature spaziali della gravitazione.

Fino a che punto le simmetrie C, P e T, individualmente considerate, sono rispettate dalla natura? Quando, all'inizio degli anni cinquanta, Lüders dimostrò il suo teorema, la stragrande maggioranza dei fisici avrebbe scommesso che per la natura ciascun pezzo del puzzle C, P e T fosse separatamente simmetrico. Non è forse evidente, ad esempio, che la simmetria P è rispettata dalle leggi della natura e che il riflesso del nostro mondo in uno specchio mostra situazioni che sono realizzabili nella pratica?

Il mondo preferisce la sinistra

Nel 1956, tuttavia, un enigma faceva arrovellare i fisici. Pareva infatti che esistessero due particelle, allora denominate *theta* e *tau* (e oggi *kaoni*), con la stessa massa, la stessa carica e la stessa durata di vita. Quando due particelle sono così simili, si è estremamente tentati di supporre che in realtà si abbia a che fare con un'unica particella. In questo caso, il problema era che la particella si disintegrava a volte in due pioni e a volte in tre pioni, violando così la simmetria specchio.

I fisici cinesi Lee e Yang infransero il tabù. Infatti dimostrarono che nel caso della disintegrazione dei kaoni, non si sapeva se la natura rispettasse la simmetria specchio. Proposero anzi alcuni esperimenti in grado di verificare se questa trasformazione fosse effettivamente violata nel caso dell'interazione debole, che governa le disintegrazioni dei kaoni. Alcuni intrepidi sperimentatori, fra i quali una fisica nucleare di origine cinese, Chien-Shiung Wu, raccolsero la sfida: nonostante l'incredulità della maggior parte dei suoi colleghi, Wu fu la prima a verificare che si può distinguere il nostro mondo dalla sua immagine allo specchio, il che significa che è possibile definire in modo assoluto la destra e la sinistra. Così, se le interazioni deboli entrano in gioco nella fabbricazione di un'auto, la versione «inglese», al contrario di ciò che ci suggerisce l'intuizione, non necessariamente funzionerà come la versione «continentale» vista allo specchio. In altri termini, la violazione della parità permette di definire in modo assoluto destra e sinistra.

Questo risultato sperimentale ebbe l'effetto di una bomba nel ristretto mondo dei fisici. Come spesso accade quando spunta un

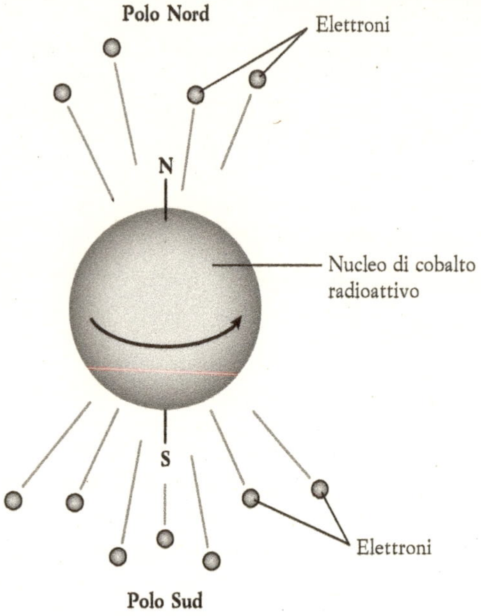

Figura 1
L'esperimento di Chien-Shiung Wu.
Questo esperimento permette di definire in modo assoluto destra e sinistra. Se mettiamo un nucleo di cobalto in un campo magnetico, si osserva che un elettrone viene emesso di preferenza dal polo sud del nucleo di cobalto piuttosto che dal polo nord. Se adesso prendiamo una bussola, l'esperimento ci consente di individuare qual è il polo nord. Mettiamo la bussola su un filo attraversato da una corrente elettrica in modo che gli elettroni si dirigano verso di noi: allora, il polo nord dell'ago gira verso sinistra.

Fonte M. Gardner, *The Ambidextrous Universe*, Dover, Mineola 1980; trad. it. *L'universo ambidestro*, Zanichelli, Bologna 1984.

evento del tutto inatteso, si cercò di capire quali fossero, tra le differenti combinazioni delle trasformazioni C, P e T, le simmetrie rispettate dalla natura.

L'anno dopo i fisici russi Lev Landau e Lev Okun dimostrarono che si era stati troppo ingenui a supporre che entrambi i pezzi del puzzle C e P fossero simmetrici (fig. 2*a*). Eppure la simmetria naturale che, si giurava e spergiurava, doveva essere rispettata, era il prodotto delle trasformazioni C e P. In realtà, affermarono in sostanza

Landau e Okun, è l'insieme delle due trasformazioni CP ad essere simmetrico (fig. 2*b*) e a far passare dalla materia all'antimateria.

Se il teorema CPT è valido, la simmetria CP non è altro che quella T dell'inversione del tempo. Se la materia e l'antimateria si assomigliano tanto è perché in effetti si tratta della stessa cosa, salvo che l'antimateria è materia che risale il tempo. Infatti, nell'equazione di Dirac, cambiare il segno dell'energia significa cambiare la

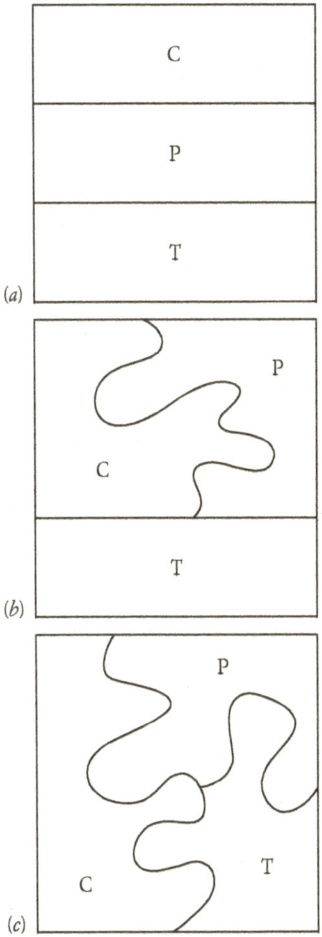

Figura 2
Il sacrosanto teorema CPT.
Prima del 1956, anno in cui fu scoperta la violazione della parità, i fisici avrebbero scommesso che i pezzi del puzzle C, P e T fossero separatamente simmetrici, come nella fig. 2*a*. Poi la violazione della parità nelle interazioni deboli li condusse alla fig. 2*b* dove, pur non essendo simmetrici i blocchi C e P, lo sono ancora le simmetrie CP e T. Nel 1964, in seguito alla scoperta della violazione di CP, i fisici furono costretti ad ammettere che i pezzi del puzzle avevano configurazioni più complesse, secondo il modello della fig. 2*c*.

Fonte M. Gardner, *The Ambidextrous Universe*, Dover, Mineola 1980; trad. it. *L'universo ambidestro*, Zanichelli, Bologna 1984.

direzione del tempo, cosicché il positrone appare appunto come un elettrone che risale il tempo (fig. 3*a*), tanto che il fisico John Wheeler è arrivato a proporre l'idea che forse nell'universo esiste un solo elettrone (fig. 3*b*), i cui andirivieni nello spaziotempo apparirebbero come la moltitudine di elettroni e positroni dell'universo. Si noti anche che, se il teorema CPT è valido, il diverso comportamento della materia e dell'antimateria (in violazione di CP) è dovuto alla freccia del tempo (in violazione di T); e questo è un altro grande problema irrisolto della fisica.

Cerchiamo di proporre un modello che dimostri perché Landau e Okun si aspettavano che la simmetria CP fosse esattamente convalidata. La fig. 3, che mostra le traiettorie di un elettrone e un positrone nello spaziotempo piuttosto che nello spazio ordinario, rivela che nello spaziotempo il positrone va «in senso inverso» rispetto all'elettrone. Ciò significa che, mentre l'elettrone ha una sorta di rotazione interna, il positrone, visto contropelo dall'osservatore, esibirà un movimento rotatorio inverso. Il matematico Charles

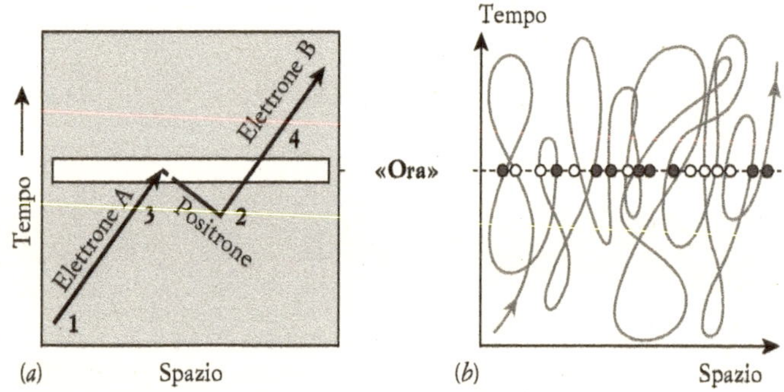

Figura 3
Un elettrone che risale il tempo.
Possiamo rappresentare il positrone come un elettrone che risale il tempo. L'annichilazione fra un elettrone e un positrone (al punto 3) appare allora come un urto sulla traiettoria dell'elettrone che gli fa risalire il tempo (fig. 3*a*). Questa rappresentazione ha indotto John Wheeler a supporre che nell'universo esista un solo elettrone, i cui zigzag danno l'illusione ottica di una molteplicità di elettroni e positroni (fig. 3*b*).

Fonte M. Gardner, *The Ambidextrous Universe*, Dover, Mineola 1980; trad. it. *L'universo ambidestro*, Zanichelli, Bologna 1984.

Hinton illustrò quest'idea con un modello sorprendentemente lungimirante sin dalla fine del XIX secolo. Charles Hinton rappresentava le cariche positive e negative come un avvolgimento in sensi opposti di una corda intorno a un righello (fig. 4). Finché la mano tiene separati i due avvolgimenti inversi, il righello resta imprigionato, ma non appena si stacca la mano i due avvolgimenti si «annichilano» e la corda, riscoprendo di non essere completamente arrotolata, libera il righello. Con tale visione geometrica delle particelle e delle antiparticelle, l'esperimento di Chien-Shiung Wu non consentiva più di spiegare a un extraterrestre cosa siano la destra e la sinistra, senza prima sapere se il suo mondo è di materia o di antimateria.

Dopo la riacquistata fiducia nella simmetria materia-antimateria, fu dunque con enorme sorpresa, ed estrema diffidenza, che venne accolta nel 1964 la scoperta della violazione di CP. Gli stessi scopritori, i fisici americani James Cronin, Val Fitch, James Christenson e il francese René Turlay, si premurarono di verificare per sei mesi i risultati prima di azzardarsi ad annunciare la scoperta. In totale contraddizione con i pregiudizi iniziali, le simmetrie C, P e T apparivano strettamente legate secondo lo schema a incastro della fig. 2*c*.

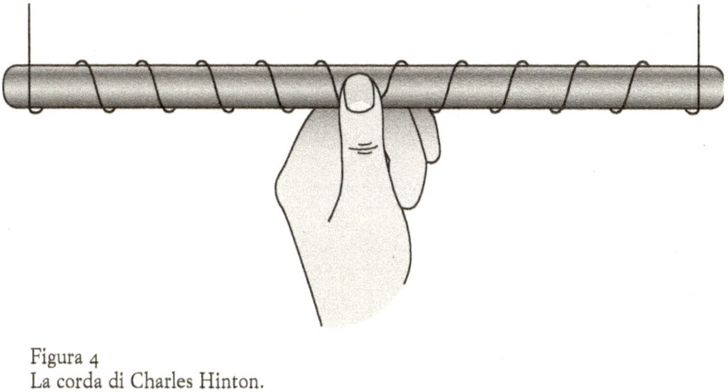

Figura 4
La corda di Charles Hinton.
In un modello sorprendentemente lungimirante, Hinton rappresentava le particelle e le antiparticelle come avvolgimenti elicoidali opposti che si annichilano a vicenda se si lascia che s'incontrino.

Fonte M. Gardner, *The Ambidextrous Universe*, Dover, Mineola 1980; trad. it. *L'universo ambidestro*, Zanichelli, Bologna 1984.

Il problema di Ozma

Per capire l'importanza di tale scoperta va tenuto conto che essa permette di rispondere al *problema di Ozma* (nome mutuato dal personaggio di Oz, il mago di un mondo fantastico circondato da una barriera invalicabile, creato da Lyman Frank Baum). Il progetto Ozma nacque negli anni sessanta allo scopo di trovare altre forme d'intelligenza nell'immensità dell'universo, quando fu deciso di puntare le impressionanti orecchie del radiotelescopio di Green Bank, in Virginia, in direzione di diverse stelle della nostra galassia per cercare di captare messaggi radio provenienti da altri mondi abitati. Questo tipo di ricerca, che negli ultimi anni ha registrato un rinnovato fervore, viene oggi correntemente indicato con l'acronimo SETI (Search for Extra-Terrestrial Intelligence). Dopo un falso allarme creato dall'individuazione di segnali regolari emessi dai pulsar, sorta di fari elettromagnetici che pare non abbiano niente di «civilizzato», le ricerche si stanno ora orientando verso messaggi più sofisticati.

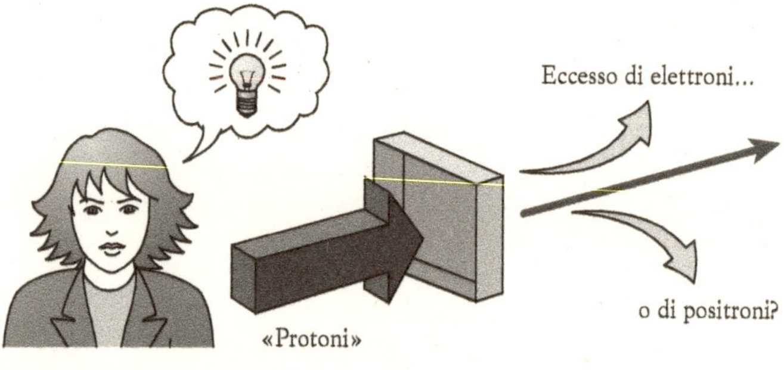

Figura 5
Dialogo con un extraterrestre.
La violazione della simmetria CP (la simmetria materia-antimateria) permette di determinare, senza alcun contatto diretto ma solo dialogando mediante un segnale radio, se un extraterrestre è costituito di materia o antimateria. Per stabilirlo basta effettuare una violenta collisione di protoni su un bersaglio di materia (o antimateria) e constatare se i prodotti della disintegrazione dell'unica particella neutra, dotata di una massa che è più o meno la metà di quella del protone, presentano un eccesso di positroni (come accade nel nostro mondo di materia) o di elettroni.

Il problema di Ozma consiste nel sapere se, nell'eventualità che dalle stelle provenga una risposta, sia possibile dialogare mediante onde radio con gli extraterrestri e stabilire, prima di stringergli la mano, se sono fatti di materia o antimateria. Infatti, nel primo caso, ammettendo che gli extraterrestri abbiano potuto avvicinarsi abbastanza a noi senza disintegrarsi, l'incontro si preannuncia preoccupantemente esplosivo. E mentre la violazione della simmetria specchio P non consentirebbe da sola di effettuare la verifica prima del fatale incontro, la violazione di CP rende possibile il dialogo salvifico (fig. 5). Al fine di stabilire se un extraterrestre è costituito di materia o di antimateria, basta che lo sottoponiate al seguente trattamento:

– bombardate energicamente un bersaglio qualunque con i protoni del vostro mondo (che in effetti saranno degli antiprotoni se appartenete a un mondo di antimateria);

– dei molteplici frammenti del bersaglio colpito conservate soltanto le particelle neutre, che hanno più o meno metà della massa del protone (impossibile sbagliarsi perché ne esiste una sola specie);

– osservate come le particelle si disintegrano lontane dal bersaglio. Se individuate un eccesso di elettroni nei prodotti della disintegrazione il vostro mondo è fatto di antimateria. Se invece rilevate un eccesso di positroni, potete incontrare senza rischi l'extraterrestre.

Una freccia del tempo al livello microscopico

Nel 1998, a più di trent'anni dalla scoperta dell'asimmetria fra materia e antimateria, un nuovo esperimento permise di dimostrare, in maniera finalmente diretta, che la reazione di trasformazione dei kaoni neutri non rispetta la simmetria rispetto all'inversione del tempo. In altre parole, per la prima volta fu evidenziato un processo microscopico il cui tasso differisce a seconda che si abbia a che fare con la reazione diretta o inversa. Guardando il film di queste disintegrazioni, è possibile dire se viene proiettato a dritto o a rovescio, dimostrando così direttamente l'esistenza di un'asimmetria temporale nei processi microscopici.

Fu l'esperimento CP-LEAR condotto nel laboratorio del CERN presso Ginevra a consentire di mettere in evidenza tale differenza, implicita per i fautori del teorema CPT, ma ancora mai osservata. La peculiarità dell'esperimento consistette nell'utilizzare un piccolo anello del CERN, il LEAR (acronimo di Low Energy Antiproton Ring, anello di antiprotoni a bassa energia), nel quale gli antiprotoni, una volta prodotti mediante violente collisioni di protoni su un bersaglio, venivano rallentati invece che accelerati. La loro debole energia consentì poi di bloccarli in un bersaglio gassoso d'idrogeno posto al centro dell'esperimento CP-LEAR e di osservare quindi, all'incirca in 4 casi su 1000, la disintegrazione di un antiprotone e un protone a riposo in un kaone neutro, un kaone carico e un pione (fig. 6). Nell'anello LEAR del CERN, che pure era il migliore produttore disponibile di antimateria, si potevano ottenere solo 2 milioni circa di disintegrazioni di antiprotoni al secondo. A quel ritmo ci sarebbero voluti qualcosa come 10 miliardi di anni per produrne un grammo... Per sfruttare al meglio l'infima percentuale di disintegrazioni produttrici di kaoni neutri, quei 2 milioni di disintegrazioni al secondo venivano ricostruite il più rapidamente possibile per identificare i kaoni neutri nella selva di interazioni di annichilazione.

L'originalità dell'esperimento CP-LEAR stava nel fatto che, quando si produce un kaone neutro, possiamo stabilire se si tratta di un kaone o di un antikaone. Basta infatti notare il segno del kaone carico prodotto insieme al kaone neutro, dato che i kaoni vengono sempre prodotti in coppia: uno con carica positiva è sempre accompagnato da uno neutro, uno con carica negativa si accompagna sempre alla produzione di un kaone neutro. Inoltre, il segno del pione prodotto contemporaneamente costituisce un'ulteriore verifica della corretta «etichettatura» del kaone neutro. Con due particelle cariche di segno opposto, la probabilità di sbagliarsi sull'identificazione delle particelle prodotte è scarsissima.

L'annichilazione di un protone e di un antiprotone produce una eguale quantità di kaoni neutri e antikaoni neutri. Vediamo allora come questi kaoni e antikaoni si trasformano in funzione del tempo. Le interazioni deboli effettuano sempre la trasformazione (l'«oscillazione», dicono i fisici) fra kaone e antikaone neutro in rapidissima frequenza: un po' meno di un miliardesimo di secondo. Siccome sappiamo fin dall'inizio se è stato prodotto un kaone o un antikaone, astuzia vuole che si usino le reazioni nelle quali le particelle prodot-

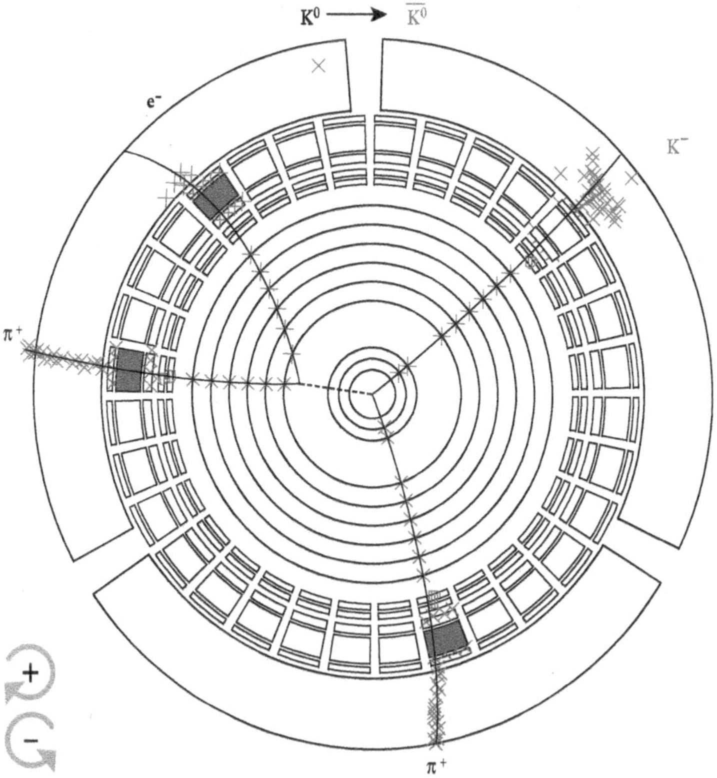

Figura 6
L'esperimento CP-LEAR «etichetta» le particelle.
In questo esperimento del CERN, un antiprotone si annichila con un protone a velocità praticamente nulla (al centro della figura). Un campo magnetico perpendicolare al piano della figura consente di determinare la carica delle particelle. In una percentuale dei casi inferiore all'1% la disintegrazione fornisce una configurazione che consente d'identificare completamente i kaoni neutri prodotti. In effetti, dal momento che i quark strani sono sempre creati in coppie quark-antiquark, sappiamo che, a fronte di un kaone con carica negativa (o, viceversa, positiva), la particella neutra prodotta è necessariamente un K^0 (o, viceversa, un anti-K^0). Anche se non la si osserva prima della disintegrazione, si può ricostruire la direzione di propagazione del kaone neutro per il fatto che la quantità di movimento complessiva è nulla in una disintegrazione in stato di quiete.

Fonte CEA (Commissariat à l'Energie Atomique).

te indicano se, al momento dell'interazione, la particella ha «oscillato» per diventare un antikaone o se, al contrario, riappare sotto forma di kaone.

Lo studio dell'insieme delle reazioni in funzione del tempo consente di costruire allo stesso tempo il tasso di trasformazione di un kaone in antikaone e di un antikaone in kaone. Ma la seconda reazione altro non è che l'inverso della prima, e possiamo quindi comparare i due tassi. Dopo otto anni di ricerche, nel 1998 i fisici dell'esperimento CP-LEAR riuscirono infine a evidenziare la differenza di tasso fra le due reazioni (fig. 7).

Veniva così messa in luce per la prima volta una reazione microscopica che violava la simmetria T dell'inversione del tempo. Pur essendo esigua (vale solo un po' più del 6 per mille), si tratta però di una differenza reale, e conviene cercare di spiegare questa esigua asimmetria fra passato e futuro nei fenomeni microscopici.

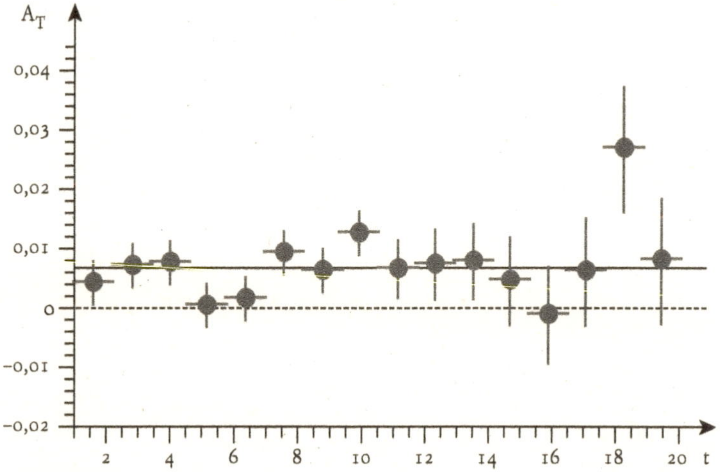

Figura 7
Violazione di T nell'esperimento CP-LEAR.
Una volta «etichettati» i kaoni neutri col metodo descritto nella fig. 6, si può guardare come si disintegrano i K° e, in particolare, come si trasformano in K° o in anti-K°, in funzione del tempo (qui 10^{-10} al secondo). Questa trasformazione e il suo opposto hanno consentito nel 1998 di evidenziare la violazione della simmetria temporale T, pari a circa il 6 per mille.

Fonte CEA (Commissariat à l'Energie Atomique).

Un secondo sistema di particelle mostra l'asimmetria

Nel 2001, quasi cinquant'anni dopo lo storico esperimento di Fitch, Cronin, Turlay e Christenson al Brookhaven National Laboratory di Long Island, gli esperimenti BaBar negli Stati Uniti e Belle in Giappone sono finalmente riusciti a evidenziare un secondo esempio di asimmetria fra materia e antimateria, utilizzando le disintegrazioni - assai più rapide, quindi più difficili da studiare con precisione - dei mesoni B, i quali possiedono una massa circa 10 volte più grande di quella dei mesoni K, o kaoni. Data la loro maggiore massa, i mesoni B hanno anche più energia e quindi più possibilità di disintegrarsi, perciò la loro durata di vita è circa 60 volte inferiore a quella del kaone neutro.

Figura 8
Il Large Hadron Collider (LHC).
Lungo 27 chilometri, questo tunnel circolare costruito presso il CERN ospita il più grande acceleratore del mondo, che dal settembre 2008 viene usato dai fisici delle particelle per produrre il bosone di Higgs, allo scopo di studiare l'unificazione delle interazioni e cercare di evidenziare l'asimmetria. Le collisioni avvengono tra due fasci di protoni circolanti in direzioni opposte a un'energia di 7 TeV ciascuno.
Fonte CERN (Organisation Européenne pour la Recherche Nucléaire).

In alcune reazioni, i mesoni B presentano una notevole asimmetria materia-antimateria. Così, nel 2004, gli sperimentatori ne hanno potuto evidenziare una chiarissima nella disintegrazione del mesone B in un kaone e un pione carichi. Questo valore asimmetrico è ben più notevole della piccolissima asimmetria (dell'ordine di 1 per 100 000) osservabile nelle modalità di disintegrazione del kaone neutro. Il sistema dei mesoni B è dunque complementare al sistema dei kaoni nella misura in cui il secondo presenta un tasso di asimmetria di parecchie decine di punti percentuali nell'accertamento dell'oscillazione fra kaone e antikaone.

L'asimmetria materia-antimateria osservata in questi due sistemi di particelle permette dunque di verificare che il modello a tre famiglie di quark consente di descrivere la violazione della simmetria fra materia e antimateria, anche se non consente di predire il valore dei parametri. Lo studio delle disintegrazioni dei mesoni B neutri continuerà a fare progressi con gli esperimenti BaBar e Belle, e nei prossimi mesi con il LHC (Large Hadron Collider) del CERN (fig. 8), entrato in funzione il 10 settembre 2008. Esso permetterà di precisare la coerenza della descrizione dell'asimmetria materia-antimateria proposta dal Modello Standard della fisica delle particelle.

Capire la violazione della simmetria materia-antimateria

Al di là dei reali progressi nello studio della violazione della simmetria CP e della simmetria T, il problema è che, a più di quarant'anni dalla scoperta della simmetria fra materia e antimateria, o della violazione di CP, non possiamo ancora sostenere di capire il fenomeno, pur sapendo che esso può trovar posto nella struttura delle particelle quale oggi la conosciamo, e che adesso riepilogheremo.

Riassumendo il modo in cui la natura rispetta le simmetrie C, P e T, pare che l'interazione debole sia l'unica delle quattro interazioni a violare le trasformazioni C e P, rivelando che materia e antimateria non rispettano la simmetria specchio in tutti i fenomeni dove entra in gioco l'interazione debole. Essa pare anche l'unica a evidenziare, ma a un livello più debole e solo nel caso dei mesoni neutri K e B, la violazione della simmetria CP, permettendo una definizione assoluta della materia rispetto all'antimateria e della simmetria T di inversione del tempo.

Questa peculiarità delle interazioni deboli è tanto più sorprendente perché nulla nel Modello Standard (che descrive la nostra comprensione delle interazioni fra particelle elementari) sembra impedire che anche l'interazione forte, quella che regola le interazioni nucleari, presenti un'asimmetria fra materia e antimateria. Per spiegare l'assenza di tale asimmetria nelle interazioni nucleari, Roberto Peccei e Helen Quinn, docenti alla Stanford University di Palo Alto (California), sono arrivati a postulare l'esistenza di una nuova particella, l'*assione*, così denominata successivamente dal fisico teorico Frank Wilczek ispirandosi al nome di un detergente, giacché quell'ipotetica particella, mai osservata finora, consentirebbe di «ripulire» l'imbarazzante problema dell'asimmetria dell'interazione forte.

Notiamo infine che fisici matematici come Robert Wald della University of Chicago o Tom Banks della Rutgers University di New Brunswick (New Jersey) hanno sviluppato argomenti[4] i quali fanno sospettare che la gravitazione violi la simmetria CPT, soprattutto per quanto riguarda il meccanismo di evaporazione dei buchi neri di cui parleremo in seguito.

Il piccolo mondo delle particelle

I fisici che iniziarono la loro carriera negli anni sessanta si trovarono di fronte un quadro di particelle straordinariamente sovraccarico. Eppure si era partiti da una situazione abbastanza rassicurante: all'inizio del XX secolo era ancora possibile, infatti, descrivere in maniera esaustiva la materia come un insieme di protoni, neutroni ed elettroni. Fu dapprima l'osservazione della radiazione cosmica e quindi l'uso di acceleratori di particelle sempre più potenti a rivelare l'esistenza di una miriade di particelle, perlopiù instabili ma scomode per il senso di confusione che attribuivano alla fisica. Come mettere un po' d'ordine in tutta quella fauna di particelle?

Alcune regolarità nelle famiglie di particelle lasciavano intendere che la situazione non era del tutto disperata. Dal fatto, ad esem-

[4] Le argomentazioni di Wald e Banks ricordano quelle, analoghe, di Franz Klinkhamer (vedi nota 3): in uno spazio curvo, è arduo «richiudere in modo pulito» il sistema e definire esattamente la materia rispetto all'antimateria.

pio, che il protone e il neutrone si assomigliavano molto per le loro interazioni si era giunti all'idea che essi potevano essere composti di «mattoni» (più?) elementari che riflettevano tale prossimità. La scoperta di una generazione di particelle «strane» - così chiamate perché ci mettevano un tempo molto più lungo del previsto a disintegrarsi - lasciava anche capire che con una violenta collisione si era riusciti a costruire una seconda famiglia di «mattoni» che aveva qualche difficoltà a trovare il modo di disintegrarsi in «mattoni» più leggeri della materia ordinaria, e perciò ci metteva più tempo del previsto.

Questa immagine in termini di «mattoni» elementari (un po' come nel gioco delle costruzioni, dove l'assemblaggio di un limitatissimo numero di pezzi produce un elevatissimo numero di combinazioni) fu coniata nel 1963 dai fisici americani George Zweig e Murray Gell-Mann. Quest'ultimo li denominò *quark*, ispirandosi a una frase del *Finnegans Wake* di Joyce: «Three quarks for Muster Mark!» Questa ipotesi dei quark nascosti nei nuclei atomici, inizialmente non più di tre (i due «mattoni» della materia ordinaria, per fabbricare protone e neutrone, e quello «strano»), fu considerevolmente corroborata quando Sheldon Glashow, Jean Iliopoulos e Luciano Maiani previdero l'esistenza di un quarto quark, denominato *fascino*, che di lì a poco venne scoperto in una serie di particelle.

Oggigiorno siamo arrivati a sei quark, raggruppati, come nel caso dei due che compongono il protone e il neutrone, in tre «famiglie» di due quark. I fisici hanno affibbiato ai sei quark nomi che, com'è chiaro, non hanno niente a che vedere con le nozioni che associamo loro correntemente: *alto*, *basso*, *fascino*, *strano*, *verità* e *bellezza*. Essi servono solo per identificare i differenti tipi di quark. Forse penserete che già con tre famiglie di due quark la situazione non è più così semplice. Eppure, per il numero di parametri che introducono, queste tre famiglie permettono d'incorporare naturalmente l'asimmetria materia-antimateria, per la quale non bastano due famiglie,[5]

[5] L'argomento non è molto intuitivo e, del resto, è stato sviluppato solo dopo molti anni. Si basa sui lavori dei fisici Nicola Cabibbo, Makoto Kobayashi e Toshihide Maskawa, i quali hanno descritto il formalismo che regola le disintegrazioni tra famiglie di quark. In questo formalismo, rappresentato da una matrice, c'è un unico parametro che autorizza la violazione della simmetria materia-antimateria per tre famiglie di quark, mentre è impossibile per due sole famiglie.

		Leptoni Possono spostarsi liberamente		**Quark** Prigionieri di particelle più grandi, non sono osservabili individualmente	
Fermioni La materia ordinaria è composta di particelle di questo gruppo	**1ª famiglia**	**Elettrone** Responsabile dell'elettricità e delle reazioni chimiche. Ha carica −1	**Neutrino dell'elettrone** Privo di carica elettrica, interagisce assai di rado con l'ambiente circostante	**Basso** La sua carica elettrica è −1/3; il protone ne contiene uno, il neutrone due	**Alto** La sua carica elettrica è +2/3; il protone ne contiene due, il neutrone uno
Perlopiù, queste particelle erano già presenti dopo il Big Bang. Oggi si trovano solo nei raggi cosmici e negli acceleratori	**2ª famiglia**	**Muone** Un compagno più massiccio dell'elettrone	**Neutrino di muone** Ha proprietà simili a quelle del neutrino elettrone	**Strano** Un compagno più pesante del «basso»	**Fascino** Un compagno più pesante dell'«alto»
	3ª famiglia	**Tau** Ancora più pesante	**Neutrino del tau** Ha proprietà simili a quelle del neutrino elettrone	**Bellezza** Ancora più pesante	**Top** Particella scoperta nel 1995
Bosoni Particelle fondamentali che assicurano la trasmissione delle forze della natura		**Fotone** Unità elementare della luce, trasmette la forza elettromagnetica	**Gluone** Trasmette la forza forte tra i quark	**Bosone vettore** Trasmette la forza debole, responsabile di certe forme di disintegrazione radioattiva	**Gravitone** Non ancora osservato, ma considerato responsabile della trasmissione della forza di gravità

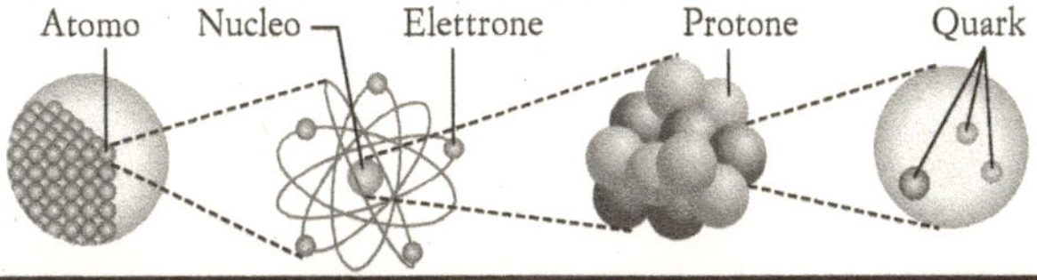

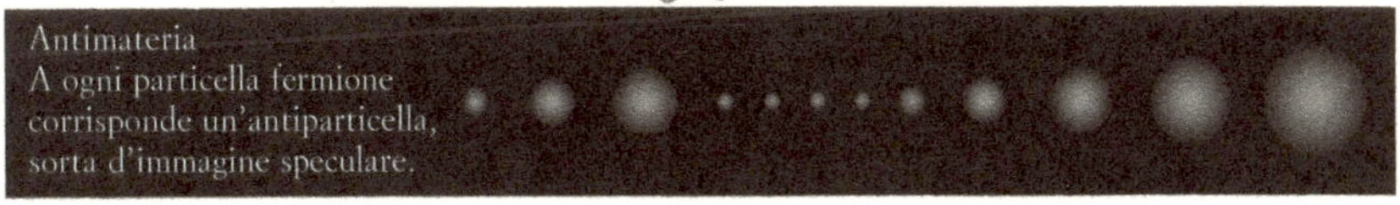

Disegno realizzato su documentazione CEA (Commissariat à l'Energie Atomique).

Figura 9
Il piccolo mondo delle particelle.

cosicché si può ritenere che un mondo con sei quark rappresenti il migliore compromesso di semplicità rispetto alla scomodità di un universo completamente vuoto di materia, che non consentirebbe l'esistenza di osservatori come noi...

A rifletterci bene, la semplificazione risultante dall'introduzione dei quark è molto simile a quella dei chimici del XIX secolo alle prese con miriadi di diversi composti. La scoperta di Amedeo Avogadro che quei composti si aggregavano secondo proporzioni semplici nelle reazioni chimiche aveva portato alla classificazione degli elementi nella tavola di Mendeleev. Gli elementi della tavola vennero poi considerati, in un'ulteriore semplificazione, come un'aggregazione di protoni e neutroni. La nostra descrizione delle particelle in termini di quark esibisce una nuova bambola russa, più piccola della precedente, e possiamo chiederci se questa discesa verso elementi sempre più «elementari» approderà un giorno a costituenti che lo siano realmente. Confessiamo di non avere una risposta assoluta a questo interrogativo, anche se il seguito della nostra descrizione delle particelle ci offrirà senza dubbio qualche indicazione.

Di fronte ai quark, che sono principalmente governati dall'interazione forte (così chiamata per la sua grandissima intensità), troviamo un secondo mondo, quello dei *leptoni*. Ricordiamoci che nella materia ordinaria gli elettroni rivestono i nuclei. Dietro l'elettrone, che già conosciamo, è stato poi scoperto nella radiazione cosmica il muone, circa 200 volte più pesante dell'elettrone, e in seguito gli acceleratori di particelle hanno individuato una terza famiglia con un nuovo elettrone pesante, il *tau*, quasi 3500 volte più pesante dell'elettrone.

Come in una famiglia ci sono due quark, così nei leptoni troviamo, di fronte a un elettrone con carica -1, una particella con carica elettrica nulla, denominata scherzosamente *neutrino* da Enrico Fermi. Il neutrino interagisce assai debolmente con la materia, poiché ha carica elettrica nulla e i leptoni, a differenza dei quark, non risentono dell'interazione forte che regola i nuclei. Ogni secondo siamo letteralmente attraversati da miliardi di neutrini provenienti dal centro del Sole, senza che nessuno di noi si sia mai accorto di nulla. Per dare un'idea della debolezza delle loro interazioni, non c'è neanche una possibilità su un miliardo che un neutrino interagisca con la Terra quando l'attraversa da parte a parte.

Come nel caso dei quark, sono state scoperte finora tre famiglie di leptoni, ognuna composta da un tipo di elettrone e dal suo neutrino. Perché tre famiglie? Bisogna ammettere che ancora oggi non sappiamo rispondere alla domanda. Così come non riusciamo a capire perché i quark e i leptoni hanno le masse che si osservano in natura, anche se la nostra descrizione in termini di un piccolissimo numero di particelle non è ancora conclusa. Tuttavia l'indicazione che quark e leptoni hanno un'unità soggiacente deriva dal fatto che la differenza fra le cariche elettriche dei due quark di una stessa famiglia è esattamente uguale alla differenza di carica fra i due leptoni di una stessa famiglia.

Cosa ci induce allora a pensare che quark e leptoni non nascondano un'ulteriore generazione di matrioske? Il fatto è che, pur colpendo un elettrone con un'energia enorme (pari a oltre 100 000 volte la sua energia di massa), non siamo mai riusciti a spaccarlo né a individuare al suo interno la struttura granulare che potrebbe nascondervisi. Ciò vuol dire che, se un giorno verranno evidenziati costituenti con un'energia tanto grande all'interno dell'elettrone, andrà spiegato come la loro enorme massa può essere quasi esattamente compensata dall'energia (negativa) di legame per formare un oggetto di così debole massa qual è l'elettrone.

La descrizione della materia non sarebbe completa se non parlassimo delle particelle che legano quark e leptoni, permettendo loro di «vedersi» tramite differenti forze elettromagnetiche, deboli e forti. È il caso del *fotone*, unità luminosa che ci informa sulla forza elettromagnetica. Abbiamo buone ragioni per supporre che esso è la sua stessa antiparticella, e ha massa nulla. Sicché fabbricare un fotone può essere estremamente poco costoso in termini di energia, per quanto la portata della forza elettromagnetica sia infinita; ciò spiega il fatto, ad esempio, che si possa sondare il campo magnetico di un oggetto così lontano come Giove. Nel caso dell'interazione debole, che regola alcune disintegrazioni della materia, si ha a che fare con tre particelle, i *bosoni intermedi*, scoperti al CERN all'inizio degli anni ottanta. Per l'interazione forte, che lega i nuclei, è il gluone a incollare insieme i quark, con tale forza che non si è mai riusciti a fabbricare dei quark isolati. Concludiamo con il *gravitone*, che si ritiene preannunci la gravitazione, senza dubbio l'interazione più evidente nella vita quotidiana, pur essendo, come si è già osservato, la più enigmatica sotto il profilo teorico.

La tavola di queste quattro forze si può semplificare. All'inizio degli anni ottanta si è infatti assistito all'importante conferma sperimentale dell'unità fra interazione debole ed elettromagnetica (tanto che oggi si parla di *interazione elettrodebole*). Supporre che l'unificazione possa estendersi all'interazione forte, quella che regola i nuclei, è molto allettante, poiché consentirebbe di spiegare ad esempio perché la carica del protone e quella dell'elettrone siano esattamente opposte.[6] In quest'ottica, le tre interazioni sono in realtà solo aspetti diversi di una stessa forza, che a energie molto alte risulta unica. Ritorneremo più in dettaglio su questa unificazione nel paragrafo *Disintegrazione del protone* del terzo capitolo. Forse la gravitazione stessa, che definisce il modo in cui la materia deforma lo spaziotempo, può essere unificata con le altre forze nel quadro di una teoria unitaria come, ad esempio, la teoria della supergravità.

Nell'organigramma della materia che si trova riepilogato nella fig. 9 la descrizione avrebbe potuto essere altrettanto corretta, se avessimo parlato di antiquark invece che di quark, e di antileptoni invece che di leptoni. Tuttavia il quasi totale predominio della materia nel nostro mondo fa sì che appaia scontato descrivere le famiglie di particelle così come abbiamo fatto anche noi, parlando della materia piuttosto che dell'antimateria, che è infinitamente meno presente intorno a noi. Ma è molto probabile che non sia stato sempre così, e che l'universo conservi ancora tracce della lotta fratricida fra materia e antimateria.

[6] Non è chiaro perché la somma delle cariche dell'elettrone e del protone sia esattamente nulla. Essa si basa sulla teoria degli insiemi, in rapporti che legano le cariche dei quark a quelle dei leptoni. Del resto, lo schema esatto di simmetria non ci è noto, anche se è comunemente accettato il concetto di unificazione.

2.

L'antimateria nell'universo

Le tre condizioni di Sakharov

Tre anni dopo la scoperta sperimentale della violazione di CP nei kaoni neutri, nel 1967 il fisico e dissidente russo Andrej Sakharov fu il primo a rendersi conto che la violazione di CP (l'asimmetria di comportamento fra materia e antimateria) consentiva di partire da un universo totalmente simmetrico per arrivare nondimeno a un universo fatto solo di materia. Ben presto però si accorse che la sola violazione di CP non bastava a spiegare il predominio, apparentemente quasi totale, della materia sull'antimateria.

Sakharov identificò tre condizioni simultaneamente necessarie per giungere a questo risultato. Anzitutto ci vuole una reazione differenziata a seconda che si abbia a che fare con una particella o con la sua antiparticella. Poi occorre che i *barioni* (insiemi di tre quark che compongono la materia ordinaria) siano assolutamente instabili, altrimenti la violazione di CP non avrebbe alcuna influenza sui protoni e sui neutroni che compongono la materia nucleare. Infine – ed è questa, forse, la condizione più inattesa – è necessario che, nel momento in cui le reazioni che violano la simmetria materia-antimateria svolgono un ruolo rilevante, l'evoluzione dell'universo sia sufficientemente violenta perché le reazioni fra particelle non seguano quell'evoluzione. Isolato in una Unione Sovietica che aveva preso a contestare in modo sempre più esplicito, le acquisizioni del dissidente Sakharov passarono inosservate per parecchi anni. Tuttavia, nel 1970, il fisico Vladimir Kuzmin citò il lavoro del suo connazionale e nel 1974, allorché le teorie di unificazione delle forze fondamentali fecero intravedere che ad altissime energie quark e leptoni dovevano trasformarsi gli uni negli altri, l'importanza dell'analisi di Sakharov venne finalmente alla luce, e da allora non è mai stata smentita.

Breve storia dell'universo

Benché lontano dal nostro, l'universo estremamente violento descritto nella Prefazione, dove materia e antimateria si annichilavano in un incontro suicida, ha una certa familiarità, nella misura in cui i suoi primi passi furono ancora più tormentati del cataclisma cui abbiamo accennato. Risaliamo col pensiero alla fantastica esplosione primordiale rappresentata dal Big Bang ai confini dell'universo. Le nostre equazioni ci consentono di collocare a 10^{-43} secondi l'età prima della quale non avevano certamente senso le nozioni di spazio, tempo e temperatura. Sarebbe infatti privo di senso parlare degli istanti che precederebbero un tempo così ridicolmente piccolo. In quel grido rabbioso della nascita del tempo e dello spazio la temperatura raggiunse l'incredibile valore di 100 000 miliardi di miliardi di miliardi (10^{32}) di gradi, una cifra inconcepibile per la mente umana, per la quale qualche centinaio di gradi rappresenta già l'inferno di un'insopportabile ustione.

E, come vedremo, in quelle condizioni estreme materia e antimateria dovevano necessariamente coesistere in proporzioni pressoché uguali. Il teorema CPT ci ha infatti insegnato che le masse di una particella e della sua antiparticella sono rigorosamente uguali. Ciò significa che fabbricare una particella o la sua antiparticella costa esattamente lo stesso prezzo in termini di energia. Siccome la temperatura nei primi istanti dell'universo era estremamente forte, l'agitazione termica ha fabbricato in maniera automatica quasi esattamente lo stesso numero di particelle e di antiparticelle.

Dobbiamo ammettere che sappiamo assai poco sul comportamento dell'universo durante il primo microsecondo di esistenza. Ma, a pensarci bene, è straordinario che la fisica ci dia informazioni ragionevolmente affidabili su un'epoca così prossima al Big Bang. A quanto sappiamo, comunque, nel corso di questo primo microsecondo parecchie rivoluzioni ebbero già luogo. Le diverse interazioni elettromagnetica, debole e forte, che regolano la materia del nostro

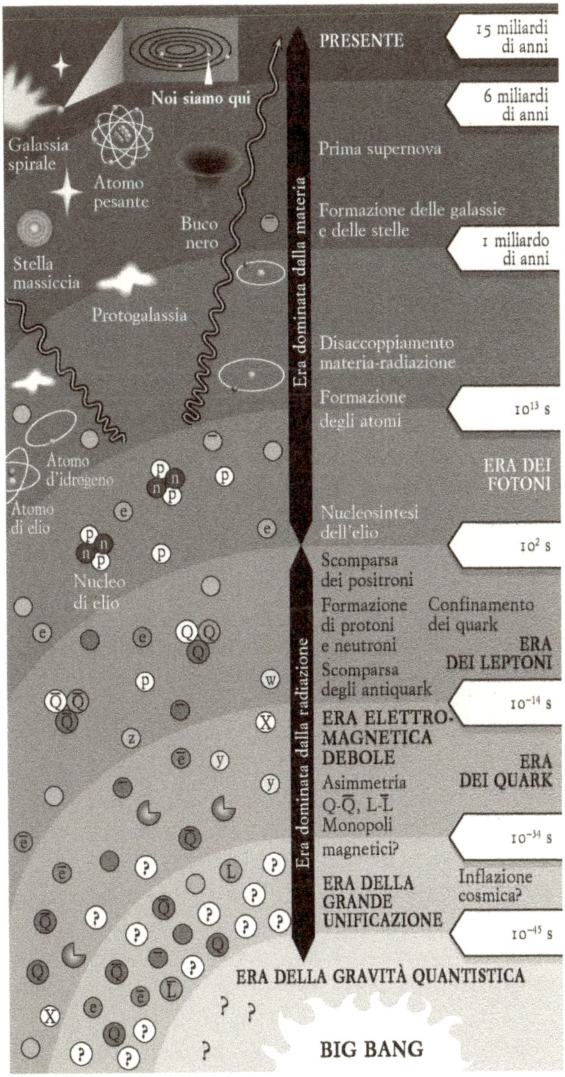

Disegno realizzato su documentazione CERN (Organisation Européenne pour la Recherche Nucléaire).

Figura 10
Storia dell'universo.

placido mondo (placido almeno in confronto all'universo primordiale), all'inizio erano indubbiamente una sola e unica forza. L'interazione forte fu la prima, come poi abbiamo accertato, a rendersi indipendente dalle altre due verso l'età incredibilmente piccola di 10^{-36} secondi. Poi avvenne la separazione tra la forza debole e quella elettromagnetica, che fin verso un diecimiliardesimo di secondo (10^{-10} s) erano riuscite a mantenersi unite, mentre oggi ne abbiamo verificato l'autonomia.

La materia quale noi la conosciamo, costituita da particelle dotate di una propria individualità, apparve allorché l'universo raggiunse l'età di circa un centomillesimo di secondo (10^{-5} s). A quel punto, il brodo indifferenziato dei suoi costituenti (quark, antiquark, leptoni, fotoni, gluoni) era ancora talmente denso (all'incirca 100 miliardi di chili per centimetro cubo) che sarebbe stato impossibile per un osservatore, miracolosamente sopravvissuto a quella temperatura infernale, distinguere qualche costituente in un brodo di coltura così terrificante.

A quell'età (10^{-5} s) l'universo, estendendosi e raffreddandosi a fenomenale velocità, non era più abbastanza denso da riempire lo spazio di materia nucleare: i quark e le loro antiparticelle (gli antiquark) furono dunque costretti a rifugiarsi in un *nucleone*, lasciando spazio al vuoto. Quando la materia nucleare si condensò, misteriosamente i giochi erano fatti: l'antimateria era ormai fortemente minoritaria e gli antiprotoni praticamente scomparsi. Per ancora un piccolo millesimo di secondo (10^{-3} s), l'antimateria nucleare lottò per sopravvivere, naturalmente invano, cercando di riorganizzarsi in particelle energeticamente meno costose dei protoni o dei neutroni, ossia i mesoni, risultanti dall'aggregazione di un quark e un di antiquark, e che dunque sono insieme materia e antimateria. Ma il connubio contro natura non riuscì a resistere a lungo al raffreddamento dell'universo. Ben presto restò solo un insieme di protoni e neutroni sottoposti agli urti incessanti di elettroni, positroni e fotoni.

Osserviamo adesso l'universo, che stava perdendo buona parte della sua violenza a profitto dell'espansione, alla fine del primo secondo di vita. In quel momento l'universo subì una nuova rilevante evoluzione e contenne per l'ultima volta analoghe quantità di elettroni e positroni. All'età di un secondo, infatti, la temperatura era scesa a «soli» 10 miliardi di gradi, ma a quella temperatura gli urti erano così violenti che elettroni e positroni erano ancora prodotti dalla fornace circostante in quantità pressoché uguali.

Ma a 10 secondi di età quasi tutti i positroni erano scomparsi; ora dell'antimateria restavano solo le ceneri dell'annichilazione fra materia e antimateria, ossia i fotoni, che sono le proprie antiparticelle. A questo punto si possono tirare le somme e stimare l'asimmetria verificatasi fra materia e antimateria, pur non escludendo che essa fosse presente fin dagli inizi. Così, per ogni protone sopravvissuto si contano circa un miliardo e mezzo di fotoni, testimoni delle passate annichilazioni, e ciò dà un'idea di quanto fosse debole l'asimmetria materia-antimateria. Se quello squilibrio si produsse solo in un ambito della materia o in tutto l'universo non lo sappiamo di preciso.

Fu sempre in quell'epoca che si formarono i nuclei, mentre i neutroni rimasti liberi (quelli cioè che non erano riusciti a occultarsi in un nucleo) non ebbero altra scelta che disintegrarsi nel giro di una quindicina di minuti in protone, elettrone e antineutrino. Solo i nuclei più leggeri (il deuterio, tanto fragile da dissolversi nelle stelle, l'elio, un pizzico di litio e dosi quasi omeopatiche di nuclei un po' più pesanti come carbonio, azoto o ossigeno) furono prodotti in quantità misurabili durante questa tappa denominata *nucleosintesi*. Il fatto che l'antimateria continuasse a contribuire in misura rilevante all'energia dell'universo, era dovuto, barando un po', ai fotoni, che sono la loro antiparticella e avevano ancora conservato un grande vigore.

Quando l'universo raggiunse all'incirca i 380 000 anni di età, la foga giovanile si placò in una nuova trasformazione. Fino ad allora la materia era così calda che gli atomi non potevano resistere ai continui urti fra particelle e fotoni. Ma a quel punto la materia si riorganizzò, passando dalla forma estremamente corrosiva di plasma – cioè di elettroni e nuclei liberi paragonabili a fiamme ossidriche capaci di perforare le casseforti più refrattarie – a quella di atomi, isolotti di materia dove gli elettroni erano intrappolati dai nuclei. I fotoni furono costretti a dilatarsi e perdere energia con l'espansione dell'universo, e il loro contributo all'energia della materia restante sarebbe diventato sempre più trascurabile rispetto a quella della materia nucleare.

Oggi, quando ci allontaniamo dalla fonte di calore di una stella come il Sole, il nostro universo, vecchio di una buona decina di miliardi di anni, ha ormai una temperatura di un po' meno di 3 gradi assoluti (100 volte meno della temperatura abituale sulla superficie della Terra). In questo universo assai più calmo di quello originario, ma che ha ancora sacche di agitazione come le supernovae e i quasar, partiamo alla ricerca della antimateria.

Vaste regioni di antimateria nell'universo?

Se la simmetria materia-antimateria è così grande, e se la differenza di comportamento, benché indiscutibile, si osserva solo in un angolo molto riposto della fisica, si pone adesso la questione di capire perché l'ambiente circostante sia praticamente privo di antimateria, mentre, come dimostra la nostra esistenza, esistono ampie regioni di materia. Si può anzitutto cercare di rispondere con argomentazioni teoriche per valutare, ad esempio, la plausibilità che vaste zone dell'universo siano costituite di antimateria. Ma si può anche essere più pragmatici, e cercare d'individuare sperimentalmente eventuali regioni di antimateria che potrebbero essere sopravvissute al fantastico brodo di coltura dell'universo primordiale. La nostra analisi dell'attuale situazione, dove l'antimateria brilla per la sua assenza, si basa infatti su un insieme di ipotesi, alcune delle quali ancora da verificare sperimentalmente. Ci possiamo quindi domandare se l'antimateria ha davvero una massa gravitazionale positiva, o se non esista una materia esotica che provocherebbe una repulsione gravitazionale. In tal caso, infatti, la nostra visione della cosmologia sarebbe profondamente modificata, rimettendo potenzialmente in discussione le conclusioni che abbiamo ritenuto di poter trarre finora. Quelle ipotesi, che apparivano gratuite a metà degli anni novanta, quando uscì la prima edizione di quest'opera, sono state rilanciate all'inizio del secolo dall'osservazione ormai ben confermata di un'accelerazione dell'espansione dell'universo. Di questa ipotesi, discussa ma controversa, parleremo in un prossimo paragrafo.

Una specie in via di estinzione

Molti fisici considerano assai improbabile la possibile esistenza di grandi regioni di antimateria nel nostro universo. Se è vero che, in larga parte, questa opinione si fonda su pregiudizi teorici, bisogna riconoscere che gli studi effettuati negli anni sessanta per cercare di giustificare un universo simmetrico (cioè contenente materia e antimateria in parti uguali) non furono molto incoraggianti. Il tentativo più serio di costruire un modello di universo simmetrico fu compiuto dal fisico francese Roland Omnès alla fine degli anni sessanta. Secondo lui, poco prima che l'universo non riuscisse più a colmare lo spazio di materia nucleare, all'età di un centomillesimo di secondo circa, la materia e l'antimateria, piuttosto che distruggersi a vicenda in un incontro suicida, preferirono aggregarsi ognuna per conto suo (un po' come fanno l'olio e l'aceto che, mescolati in emulsione, tendono a dissociarsi).

Sfortunatamente per il modello, l'esperienza non ha mai confermato quell'ipotesi, e la maggior parte degli specialisti ritiene del tutto irrisorie le quantità di materia e antimateria che in tal modo sarebbero riuscite a sopravvivere alle epoche iniziali. L'universo, infatti, era troppo denso in origine perché la materia e l'antimateria potessero evitare di distruggersi e, nella cosmologia standard, il tempo a disposizione per cercare di separarle pare troppo breve (appena qualche microsecondo) per avere sufficiente efficacia. In qualche modo, la situazione potrebbe essere paragonata a quella di uno stadio gremito da 50 000 tifosi del Milan mescolati insieme ad altrettanti tifosi del Manchester United che si tratterebbe di separare senza che avvengano incidenti tra le due tifoserie. Nell'incontro fra materia e antimateria, facendo il conto dei fotoni da annichilazione che ritroviamo oggi nella radiazione cosmologica (un po' più di 400 per centimetro cubo), constatiamo che all'incirca un miliardesimo (10^{-9}) della materia iniziale è sopravvissuto, poiché risulta una densità media di meno di un protone per metro cubo.

Ma se applichiamo le norme della cosmologia standard a un miscuglio inizialmente omogeneo di materia e antimateria, si dimostra che deve rimanere soltanto una frazione 10^{-18} della materia iniziale, cioè che ci troviamo di fronte un mondo praticamente vuoto, incapace di produrre le strutture e le galassie del nostro universo.

Un'altra ipotesi, che forse potrebbe restaurare quantità notevoli di antimateria nell'universo, consiste nella supposizione che il vuoto possa essere definito in maniera diversa all'altro capo dello spazio. Allora la situazione somiglierebbe un po' a quella di una sfera di ferro dolce, che a temperatura normale si magnetizza, ma una volta sottoposta ad alte temperature si smagnetizza a causa dell'agitazione termica, per poi rimagnetizzarsi allorché la temperatura si abbassi sotto un certo valore. Se è ferro puro, è impossibile prevedere quale direzione prenderà la magnetizzazione della sfera (a meno che a imporre la scelta non sia la calamita di un vicino).

Possiamo supporre, anche se al momento si tratta solo di un'ipotesi, che un analogo cambiamento di stato si sia verificato nell'universo primordiale, che aveva anch'esso inizialmente altissime temperature. Come si è visto, fu proprio dopo il Big Bang che l'universo si raffreddò a velocità fenomenale. Può dunque darsi che esista nell'universo tutta una serie di ambiti dove la definizione di vuoto (pertanto di materia e antimateria) sarebbe completamente diversa. Questa ipotesi, del tutto gratuita allo stato attuale della teoria, ma che può apparire plausibile in analogia con il caso della magnetizzazione, consentirebbe di giustificare l'esistenza di grandi regioni dello spazio riempite alternativamente di materia e antimateria.

Da una ventina d'anni i fisici si chiedono spesso in modo molto serio se la nuova generazione di acceleratori delle particelle non rischi di scatenare un cambiamento di stato dalle conseguenze catastrofiche, un'onda d'urto che si propagherebbe a una velocità prossima a quella della luce bruciando tutto sul suo passaggio. La risposta avanzata dai primi specialisti che avevano affrontato la questione non era stata del resto pienamente rassicurante; essa si basava sulla constatazione che le collisioni fra particelle della radiazione cosmica ad altissima energia dipendono da un'energia più forte di quella generata dagli acceleratori attuali. Quanto al futuro, chi vivrà vedrà...

La questione è tornata di attualità – ed è stata discussa abbastanza assiduamente da riviste divulgative come «Pour la Science», l'edizione francese di «Scientific American» – con la recentissima entrata in servizio al CERN dell'LHC, che metterà in gioco energie più alte di circa un fattore 10 rispetto a quelle che potevano raggiungere finora gli acceleratori. L'idea che le dimensioni supplementari delle teorie delle corde, che senza dubbio sono finalmente in grado di quantizzare la gravitazione, sono forse accessibili con le energie prodotte dall'LHC, ha corroborato l'ipotesi che forse questo anello di accumulazione consentirà di fabbricare microscopici buchi neri. Anche se i fisici non hanno al riguardo certezza assoluta, è tuttavia opinione generale che, una volta formati, quei mini buchi neri non potrebbero che disintegrarsi assai rapidamente a causa della loro debole massa.

Come si vede, in mancanza di una vera comprensione di quale possa essere la differenza fra materia e antimateria i teorici non difettano di fantasia per giustificare l'esistenza di grandi regioni di antimateria, anche se la maggioranza dei fisici punterebbe senza dubbio su un universo costituito quasi solo di materia. Ma cosa ci dicono le osservazioni? In che modo la nostra conoscenza dell'universo ci consente di precisare o limitare la quantità di antimateria presente nel sistema solare, nella nostra galassia, nelle vicine galassie o negli ammassi di galassie rivelati dalle cartografie su grande scala? Due le principali possibilità a nostra disposizione: per un verso, osservare il flash di radiazione gamma risultante dall'annichilazione fra materia e antimateria; per l'altro, misurare direttamente la percentuale di antimateria presente nella radiazione cosmica, cioè nelle particelle che vagano nel vuoto dello spazio alla mercè dei campi elettromagnetici.

Alla ricerca di segni di conflagrazione

Come si è già rilevato, una massa anche piccola di antimateria sarebbe capace di provocare nel nostro ambiente considerevoli danni. Ma è ben difficile fabbricarne in quantità apprezzabili, e ancora più difficile preservarla dall'annichilazione, giacché la quasi totalità dell'antimateria si annichila quasi istantaneamente incontrando la materia. Da tale constatazione possiamo dunque dedurre l'inesistenza di una consistente fonte di antimateria sulla Terra, perché altrimenti il nostro ambiente naturale diventerebbe subito invivibile, non foss'altro per le radiazioni indotte dall'annichilazione con la materia.

Distante un secondo luce da noi, la Luna non può essere costituita di antimateria, nonostante le elucubrazioni di celebri scrittori di fantascienza. Come afferma spiritosamente il fisico spagnolo Alvaro de Rujula, la migliore riprova è rappresentata dal fatto che in tal caso l'impronta del piede di Armstrong sulla superficie lunare avrebbe provocato un cratere di qualche chilometro di diametro![1] Scherzi a parte, siccome la Luna (come del resto la Terra) è costantemente bombardata da meteoriti, sarebbe facilissimo individuare la loro annichilazione sulla Luna a partire dai flash emessi nell'impatto.

Quanto al sistema solare, benché brilli per la quasi totale assenza di materia al di là del Sole e dei pianeti, esso è tutt'altro che un porto tranquillo dove l'antimateria possa sopravvivere per tempi apprezzabili. Infatti, le folate di materia emesse dal Sole, che alimentano il vento solare, costituirebbero rapidamente una minaccia per qualsiasi corpo di antimateria, stella o pianeta, di massa apprezzabile. Se un tale intruso, temibile per le sue capacità distruttive, penetrasse nel nostro sistema solare, la sua presenza sarebbe ben presto rivelata dalla radiazione gamma emessa dal suo scontro col vento solare. Dal punto di vista strettamente osservativo, avremmo senza dubbio difficoltà a cogliere la presenza nelle nostre vicinanze di un oggetto di così piccola massa quale sarebbe una cometa di antimateria. Come un cubetto di ghiaccio ha infinitamente meno possibilità di un iceberg di sopravvivere nel viaggio dai ghiacci polari all'Atlantico, così è quasi inimmaginabile che un oggetto delle dimensioni di una cometa, che può essere grande come una collina o come un massiccio montuoso, possa sopravvivere al contatto col vento solare, qualora fosse costituito di antimateria. Sempre a causa della radiazione gamma risultante dall'annichilazione della materia sulla sua superficie, se una parte anche irrisoria (diciamo una su 100 000) di stelle fosse costituita di antimateria, dovremmo osservare in cielo un chiarore diffuso di radiazione gamma nettamente più rilevante di quello individuato dall'osservazione satellitare.

La stessa conclusione vale su scala galattica. Anche se la Via Lattea, che è la nostra galassia, appare trasparente in molte regioni della volta celeste, il vuoto intersiderale è ben lungi dall'essere privo

[1] Più esattamente, ammettendo che Neil Armstrong cerchi di metter piede su una Luna costituita di antimateria, è probabile che ne sarebbe violentemente espulso fin dal primo contatto, che non causerebbe né la completa annichilazione dell'astronauta né un cratere del diametro di svariati chilometri.

di materia. Ciò perché una parte notevole della massa galattica non si è ancora condensata sotto forma di stelle o, al contrario, è stata rigettata dalle stelle. Questo gas non aspetta altro che il tocco finale di un nuovo evento catastrofico della nostra galassia, come l'esplosione di una supernova, per sprofondare a sua volta in una stella. In altri termini, la nostra galassia non è ancora abbastanza vecchia perché la nube di gas presente nella galassia e le ceneri di stelle siano già state catturate dai buchi neri - corpi celesti, su cui torneremo in seguito, che inghiottono tutto ciò che passa dalle loro parti - o da astri morti. Come nel caso del sistema solare, questo gas residuo interstellare, pur essendo molto meno denso del vento solare, costituisce un enorme pericolo per ogni oggetto di considerevoli dimensioni costituito di antimateria. Si valuta a uno su un milione di miliardi (10^{-15}) la quantità massima di antimateria che può esistere sotto forma di gas nella nostra galassia.

Un ragionamento quasi identico fa escludere che qualche galassia del nostro ammasso locale sia composta di antimateria. Negli ammassi, le collisioni fra galassie sono all'ordine del giorno, e produrrebbero notevoli quantità di radiazione gamma non appena una galassia di antimateria ne incontrasse una di materia. Contrariamente a quel che l'intuizione può suggerire, sarebbero pochissimi gli scontri frontali fra due stelle in una collisione fra due galassie. L'annichilazione deriverebbe essenzialmente dall'incontro esplosivo fra le nubi di gas di materia e di antimateria delle due galassie. Anche in questo caso, dunque, l'assenza di un'intensa emissione di radiazione gamma al momento della collisione fa pensare che, all'interno di uno stesso ammasso, tutte o quasi le galassie siano uniformemente costituite di materia (o forse, in certi ammassi di galassie, di antimateria).

A dire il vero, si osservano in cielo delle ventate di raggi gamma, ma attribuirle all'annichilazione di oggetti d'antimateria sembra un'ipotesi particolarmente tirata per i capelli. In effetti, l'energia dei raggi gamma individuati pare troppo debole - nell'ordine del megaelettronvolt (MeV), cioè all'incirca un millesimo della massa di un protone o di un neutrone, che si misura in gigaelettronvolt (GeV) - per venire dall'annichilazione materia-antimateria.

L'elettronvolt (eV) è l'energia che acquisisce un elettrone sottoposto a una differenza di potenziale elettrico di un volt. Quest'unità è assai utile poiché l'emissione luminosa degli atomi si colloca a questo livello di energia. I fisici delle particelle sono adusi ai multipli di tale unità perché devono colpire con maggiore forza per arrivare a creare delle particelle massicce. Il kiloelettronvolt (keV) è equivalente a 1000 elettronvolt, il megaelettronvolt (MeV) – l'energia delle ventate di raggi gamma – a un milione di elettronvolt, il gigaelettronvolt (GeV) e il teraelettronvolt (TeV) sono rispettivamente pari a un miliardo e a mille miliardi (10^{12}) di elettronvolt.

I lampi della radiazione gamma

Il nostro universo dà origine a fenomeni di estrema violenza. Ne sono un esempio i cosiddetti *lampi gamma* (ventate di radiazione che possono durare qualche secondo o qualche minuto prima di estinguersi) scoperti casualmente a metà degli anni sessanta dai satelliti militari americani incaricati di rilevare i test nucleari. Protette dal segreto militare, per parecchi anni quelle osservazioni non furono divulgate, finché nel 1973 le autorità si persuasero che i lampi gamma provenivano dallo spazio e nulla avevano a che vedere con le attività militari sovietiche.

I raggi gamma emessi durante questi lampi hanno un'energia che può anche raggiungere parecchie decine di MeV. Ciò li pone abbastanza nettamente al di sotto dell'energia (dell'ordine di 100-200 MeV) della radiazione gamma emessa nell'annichilazione materia-antimateria che studiamo in laboratorio. Ma l'origine delle ventate gamma è costituita da eventi catastrofici relativamente vicini, situati nella nostra galassia, oppure a distanze cosmologiche di parecchi miliardi di anni luce? Nel secondo caso, lo spostamento verso il rosso della radiazione, dovuto all'espansione dell'universo, potrebbe portare a osservare la radiazione gamma dell'annichilazione da un'energia di qualche centinaio di MeV a qualche decina di MeV. Ma se si situano a distanze cosmologiche, queste lontanissime esplosioni corrispondono necessariamente a energie gigantesche che in una frazione di secondo sprigionano un'energia assai superiore a quella emanata dal Sole nel corso di parecchi miliardi di anni. Perciò una parte abbastanza cospicua della comunità degli astrofisici riteneva probabile che l'origine dei lampi gamma fosse situata nella nostra galassia.

Un elemento di risposta sull'origine dei lampi gamma venne offerto negli anni novanta dal satellite della NASA Compton che, grazie a una strumentazione specifica chiamata BATSE (Burst and Transient Source Experiment), stabilì una prima mappa dei lampi gamma. Sorpresa: essa si rivelò assai uniforme, rendendo difficilissima un'interpretazione galattica. Ma il progresso più notevole fu fornito nel 1997 dal satellite italiano BeppoSAX, che stabilì la correlazione fra l'emissione gamma e un'emissione ottica. Ciò indusse gli scienziati a creare una grande rete di osservazione comprendente sia BATSE, per monitorare i lampi gamma, sia gli osservatori terrestri, per la loro controparte ottica. Il bagliore dell'esplosione, che diminuisce assai rapidamente, è tanto più forte quanto più gli strumenti vengono puntati velocemente in direzione dell'emissione gamma. Se si riesce a osservarla, questa permette di determinare con estrema precisione la posizione dell'emettitore.

Con enorme sorpresa degli scienziati, tutte le nuove osservazioni dimostrarono finalmente in modo convincente che i lampi gamma rivelavano cataclismi a distanze cosmologiche, grazie all'identificazione di una galassia ospite del lampo gamma, nella stessa posizione del cielo. Dopo la prima identificazione della galassia ospite dell'esplosione, molte altre osservazioni confermarono le distanze gigantesche in cui si verificano tali fenomeni ad altissima energia. Nel 1999, l'osservazione di un'emissione ottica effettuata, mediante un piccolo telescopio automatizzato, qualche secondo dopo quella di un lampo di radiazione gamma permise di estendere a una rete di club di astrofisici, il ROTSE (Robotic Optical Transient Search Experiment), questo tipo di osservazioni. Tutt'a un tratto era possibile misurare la distanza dell'emissione gamma (effettivamente lontana parecchie centinaia di milioni, e spesso miliardi, di anni luce) e calcolarne la luminosità reale (parecchie centinaia di volte superiore all'energia sprigionata da una supernova, che è uno degli eventi più violenti dell'universo). L'origine dei lampi gamma, tuttavia, non è stata completamente compresa, e continuano a scontrarsi svariati modelli interpretativi, tirando in ballo sia stelle molto massicce (varie decine di volte la massa del Sole), sia sistemi stellari a neutroni doppi. In effetti, le stelle doppie sono molto comuni nell'universo: più di una stella su due fa parte di un sistema doppio.

Perciò, benché sorprendenti e violenti, non pare che i lampi gamma evidenzino catastrofici incontri fra materia e antimateria. Ma il loro rapporto con massicce eiezioni di antimateria è stato rilanciato nel 2001 da un gruppo di fisici teorici raccolti intorno al cosmologo italiano Remo Ruffini, avanzando l'idea che i lampi gamma potrebbero rivelare il collasso estremamente violento di buchi neri elettricamente carichi, e perciò produttori di enormi quantità di elettroni e positroni.

Una sorgente di antimateria nella nostra galassia?

Mentre l'enigma dei lampi gamma sembra trovare a poco a poco una spiegazione convincente dopo molti decenni di sforzi, un altro enigma è emerso recentemente osservando la radiazione gamma dal satellite Integral. Con una risoluzione angolare e una superficie di rivelazione ben superiori agli strumenti precedenti, Integral ha realizzato una precisa cartografia dell'emissione gamma dalle regioni centrali della nostra galassia. Grazie alla precisione di queste misure, il satellite ha potuto dimostrare che gran parte dell'emissione gamma della galassia deriva sia da un insieme di sorgenti puntuali (rispetto alle quali non abbiamo alcuna ragione di pensare che potrebbe trattarsi di antimateria) sia da un'emissione estesa su un raggio di circa 1 kiloparsec (cioè circa 3500 anni luce) e incentrata nel cuore della galassia da una radiazione gamma dotata di un'energia di 511 keV. L'osservazione di un raggio gamma di tale energia è praticamente per i fisici delle particelle un sicuro indizio dell'annichilazione di un positrone con un elettrone, da cui scaturisce la produzione di due fotoni da 511 keV (uno solo individuato dall'eventuale osservatore).

Restano tuttora senza spiegazione l'origine di tale radiazione e la sua portata, corrispondente all'iniezione in ambito galattico di circa 10^{43} positroni al secondo (pari a circa 10 miliardi di tonnellate di positroni al secondo). Anche qui, con le loro apocalittiche esplosioni, le supernovae potrebbero avere un ruolo nell'emissione di massicce quantità di nuclei radioattivi, alcuni dei quali, per esempio il nichel, possono disintegrarsi producendo un positrone mediante emissione beta più. Se questo scenario fosse valido, si avrebbe una spiegazione convenzionale dell'emissione di quelle miriadi di positroni. La maggiore precisione delle misurazioni e una migliore conoscenza del tasso di esplosione delle supernovae dovrebbero permettere nei prossimi anni di determinare se la radiazione da annichilazione diffusa osservata da Integral può essere spiegata in maniera convenzionale o se, al contrario, la massiccia produzione di positroni accertata dalle misure rinvia a un meccanismo finora insospettato.

Superammassi di antimateria?

Situata più o meno allo stesso livello dei lampi gamma nella scala delle distanze cosmiche, una delle maggiori scoperte dell'ultimo decennio è l'osservazione che gli ammassi di galassie si uniscono in superammassi, aggregati in strutture a filamenti e in pareti relativamente separate le une dalle altre (fig. 11). In realtà sappiamo ben

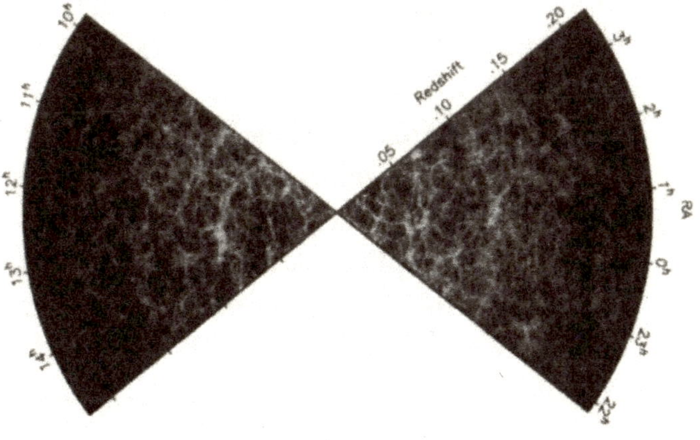

Figura 11
La struttura a filamenti dell'universo.
I grandi programmi di osservazione delle galassie hanno permesso di precisare considerevolmente la struttura del nostro universo. Sui due coni di osservazione del programma 2dF (alcune regioni del cielo non vengono osservate), le galassie si aggregano in filamenti lasciando grandi zone vuote. I programmi di simulazione consentono di riprodurre tali strutture, ma solo a prezzo d'introdurre due componenti assai importanti e non ancora osservate dell'universo: la materia oscura e l'energia oscura (quest'ultima accelerante l'espansione dell'universo).

Fonte SDSS (Sloan Digital Sky Survey).

poco sulla quantità di materia presente fra gli ammassi di galassie ma, data la loro grandezza e distribuzione, tutto lascia credere che i superammassi siano fra loro praticamente indipendenti.

Anche se ce ne fosse uno costituito di antimateria, non è detto che i satelliti utilizzati per l'osservazione della radiazione gamma siano abbastanza sensibili da rilevarlo. Chiaramente, a questa scala, si raggiungono i limiti dei metodi attuali e s'impongono altri mezzi d'indagine, anche se Alvaro de Rujula, Andy Cohen e Sheldon Glashow ritengono di poter dimostrare che, anche a distanze enormi, la graduale diffusione di materia e antimateria ai confini tra gli ammassi provocherebbe un'emissione di radiazione gamma incompatibile con le nostre osservazioni.

Osservare l'antimateria dai satelliti

Com'è possibile allora verificare in maniera diversa l'idea dell'esistenza di antimateria nelle remote contrade dell'universo? Osservando i raggi cosmici. Anche se non le percepiamo con i sensi, il nostro corpo è bombardato ogni secondo da un centinaio di particelle prodotte quando i raggi cosmici che viaggiano nella nostra galassia arrivano a infrangersi contro gli strati superiori dell'atmosfera esplodendo in uno sciame di particelle secondarie. Se l'atmosfera non svolgesse questo suo ruolo protettivo, il nostro corpo sarebbe costantemente sottoposto alla radiazione cosmica osservata, ad esempio, dalle navette spaziali, ed è probabile che il tasso di tumori causati da tali radiazioni porterebbe rapidamente all'estinzione della specie umana. A bassa energia, una parte cospicua della radiazione cosmica incidente sulla Terra è dovuta all'eiezione da parte del Sole, soprattutto attraverso le eruzioni che ne sconvolgono la superficie, di un'enorme massa di materia che occulta la radiazione cosmica proveniente dall'esterno del sistema solare. Così, fino a un'energia cinetica dell'ordine del GeV, cioè all'incirca l'energia di massa del protone,[2] le variazioni generate nel corso del

[2] Più precisamente, l'energia di massa del protone è di circa 0,9383 GeV, mentre quella del neutrone è di circa 0,9396 GeV. Quanto all'elettrone, esso è circa 1836 volte più leggero del protone e possiede un'energia di massa di circa 0,511 MeV.

tempo dal vento solare sono considerevoli. Basti pensare che l'arrivo sugli strati superiori dell'atmosfera di enormi quantità di materia sprigionata da un'eruzione solare ha perfino provocato negli Stati Uniti e in Canada interruzioni di corrente sulla rete delle linee ad alta tensione.

Al fine di limitare l'influsso del Sole sulla radiazione cosmica, occorre puntare su radiazioni cosmiche di energia superiore. In effetti, per raggiungere energie dell'ordine del TeV (cioè circa 1000 volte l'energia di massa del protone) non basta più l'accelerazione nel sistema solare. Necessariamente per arrivare a energie così notevoli un raggio cosmico deve giocare per un certo tempo una sorta di «ping pong galattico», nel quale la particella acquista a poco a poco energia grazie ai successivi incontri con le pareti energetiche che si spostano nelle galassie. Queste pareti mobili di energia nascono principalmente dalle esplosioni delle supernovae che eiettano nello spazio una gran parte della massa di una stella di grandi dimensioni una volta che ha esaurito tutte le possibilità di resistere alla pressione del proprio peso.

La percentuale di antimateria presente nella radiazione cosmica ci è ignota. La sua determinazione è resa difficile dal fatto che l'atmosfera confonde le carte cancellando quasi del tutto l'identità della particella incidente che genera lo sciame di particelle che va a colpire gli strati superiori dell'atmosfera. Finora i tentativi di osservare l'antimateria nella radiazione cosmica si sono scontrati con questo problema, dato che gli esperimenti sono stati condotti mediante palloni stratosferici. Il fatto stesso che il pallone riesca a reggere il peso dell'equipaggiamento di misurazione significa evidentemente che l'atmosfera, seppur sottile, è ancora presente, con la conseguenza che non sempre le particelle individuate provengono direttamente dalla radiazione cosmica; a volte si tratta di particelle secondarie, derivanti cioè dall'interazione con l'atmosfera.

A conferma dell'estrema importanza di questo tipo di misurazioni, in genere si ritiene che l'osservazione di un nucleo di anticarbonio sarebbe sicuro indizio dell'esistenza di mondi di antimateria. Ma, nonostante i considerevoli sforzi di osservazione, a tutt'oggi non sono stati ancora individuati nuclei di antimateria nella radiazione cosmica. Certo, molti esperimenti mediante palloni e satelliti (come BESSE, HEAT, CAPRICE o AMS) hanno rilevato, con misurazioni ormai abbastanza precise, esigue percentuali di antiprotoni nelle particelle osservate, ma tali antiprotoni possono anche derivare dalle interazioni dei raggi cosmici di materia con il rivelatore stesso, oppure con la materia dell'ambiente interstellare. Sappiamo, comunque, che nella radiazione cosmica esiste all'incirca un antiprotone ogni 10 000 protoni, e che questa proporzione diminuisce a bassa energia mentre è mal conosciuta a più alta energia (oltre una decina di volte la massa del protone), proprio laddove una componente extragalattica sarebbe attendibile e più visibile.

Per spingersi più lontano e per evitare l'inquinamento delle rilevazioni da parte dell'atmosfera, c'è una soluzione evidente: bisogna anzitutto realizzare l'esperimento con il satellite invece che con il pallone, utilizzare una notevole superficie di individuazione e infine aumentare il tempo di raccolta dei dati, che in genere è limitato a qualche decina di ore con i palloni sonda. Allora, però, ci si imbatte in un grosso problema pratico. Poiché infatti le antiparticelle, a meno di non farle annichilare con la materia, differiscono dalle particelle solo per la carica elettrica, non c'è altra soluzione pratica che quella di utilizzare un campo magnetico per determinare se si ha a che fare con un nucleo (carica positiva) o con un antinucleo (carica negativa).

Ma sino alla fine degli anni novanta, quando molti esperimenti condotti con i palloni erano dotati del magnete necessario per distinguere la materia dall'antimateria, nessun esperimento effettuato con i satelliti aveva realizzato questo obiettivo. E ciò per diverse ragioni. Anzitutto, il magnete, per rendersi utile nell'identificazione delle particelle, deve sprigionare un forte campo magnetico. Ma finora un simile campo – diciamo di circa un Tesla (unità di misura del campo magnetico), migliaia di volte più potente del campo magnetico terrestre – poteva essere creato solo con bobine attraversate da correnti considerevoli, che necessitano di consumi notevoli. Inoltre, un magnete di forte campo ha l'incresciosa tendenza ad allinearsi al campo magnetico terrestre, e ciò esercita un'azione di disturbo sul satellite che è costretto a lottare per mantenere l'orientamento se il campo del magnete «fugge» all'esterno.

Nel 1994, tuttavia, un gruppo di scienziati, guidati dal premio Nobel per la fisica Sam Ting, ha dimostrato che si poteva utilizzare un nuovo materiale, composto di neodimio, ferro e boro, per realizzare magneti permanenti (che non necessitano, cioè, di alimentazione esterna per creare il loro campo magnetico). Questi magneti sono talmente potenti che, ad appoggiarne uno su una lastra di ferro, bisogna usare una pinza per recuperarlo. Il problema del fabbisogno di energia era così risolto. Proposta per la stazione spaziale internazionale Alpha, la missione AMS (Antimatter Magnetic Spectrometer) fu avviata nella primavera del 1996 dalla NASA, e ha realizzato la prima fase di ricerca sulla navetta spaziale. In una seconda fase, dotato di un magnete superconduttore più potente e di una strumentazione più ricca, l'esperimento AMS-II si unirà all'ISS (International Space Station) allo scopo di incrementare considerevolmente la durata e la precisione delle misure effettuate durante la prima fase. Il magnete superconduttore permette infatti di creare un campo nettamente più potente di quello che era stato consentito dal magnete permanente di AMS-I, e il suo consumo è nullo finché la temperatura resta abbastanza bassa da far sì che il magnete sia costantemente superconduttore.

Quasi completamente affrancato dagli sciami di particelle prodotte nell'atmosfera che hanno inficiato l'accuratezza degli esperimenti di ricerca dell'antimateria effettuati dai palloni sonda, l'esperimento AMS-II – il cui lancio è stato ritardato dall'esplosione avvenuta nel febbraio 2003 della navetta spaziale Columbia – dovrebbe essere in definitiva da 10 000 a 100 000 volte più sensibile dei precedenti. La misura della velocità delle particelle, calcolata mediante il tempo che impiegano ad attraversare l'apparecchiatura, e del loro impulso, calcolato grazie al campo magnetico del magnete, consentirà anche di determinare la natura del nucleo osservato e di verificare se nella radiazione cosmica appaiano antinuclei come l'antisilicio o l'anticarbonio, praticamente impossibili da creare al di fuori di un mondo di antimateria. Osservare anche solo uno di questi nuclei costituirebbe dunque un indizio molto forte dell'esistenza di mondi di antimateria e quasi certamente, in base alle nostre osservazioni sulla radiazione gamma, di superammassi di galassie di antimateria.

La determinazione della natura delle particelle che compongono la radiazione cosmica può effettuarsi sia mediante i palloni sia mediante i satelliti, soltanto fino a un'energia di qualche decina di GeV, al di là della quale le traiettorie sono talmente poco deviate dal campo magnetico del magnete che non è possibile misurarne con precisione l'impulso. Ma a energie così relativamente basse, il campo magnetico presente nella galassia avvolge a spirale i raggi cosmici flettendoli quasi totalmente all'interno della galassia. Solo quando l'energia di un raggio cosmico diventa sufficientemente grande – fino a raggiungere per una sola particella l'energia di una palla da tennis lanciata a 100 km/h, ovverosia circa un miliardo di volte l'energia massima delle particelle che siamo in grado di misurare dal satellite – il campo magnetico galattico diventa troppo debole per curvare in maniera apprezzabile particelle così piene di energia. Queste possono allora saltare quasi liberamente da una galassia all'altra attraversando enormi distanze.

Bisogna dunque ammettere che cercare, a energie di qualche GeV, le antiparticelle provenienti da remoti superammassi di galassie è un po' come se uno andasse a cercare le chiavi sotto il lampione pur sapendo bene di non averle perse lì, ma solo perché è l'unico posto illuminato...

Un metodo originale, che non necessita del lancio di un satellite, per misurare la quantità di antimateria presente nella radiazione cosmica è stato proposto da due gruppi di fisici francesi e tedeschi. La loro idea si basa sul fatto che la Luna e il Sole creano un'ombra, dal momento che i raggi cosmici, infrangendosi sulla loro superficie, non possono evidentemente giungere fino a noi. Data l'esistenza del campo magnetico presente nel sistema solare, quest'ombra è spostata rispetto a quella che creano il Sole e la Luna per delle particelle neutre, ad esempio i fotoni della luce delle stelle situate dietro di loro. Siccome la deviazione è proporzionale alla carica – positiva per un protone o un nucleo, negativa per un antiprotone o un antinucleo – lo spostamento dell'ombra della Luna è opposto a seconda che si abbia a che fare con una particella o con una antiparticella. Quest'ombra è stata del resto osservata – ma solo per le particelle di materia – durante esperimenti ad altissime energie quali MAGIC alle Canarie o MILAGRO a Los Alamos negli Stati Uniti, e ciò dimostra che il principio del metodo è corretto, anche se l'osservazione di una debolissima componente di antimateria resta un'ardua sfida sperimentale.

3.

Vie di passaggio fra materia e antimateria

Morte della materia

Salvo eventuali smentite quando saranno varati gli ambiziosi progetti di ricerca dell'antimateria che abbiamo descritto alla fine del precedente capitolo, bisogna riconoscere che l'antimateria appare disperatamente assente dal nostro ambiente. Dall'approfondito studio dell'antimateria realizzato mediante gli acceleratori non siamo ancora riusciti a capire davvero l'origine dell'asimmetria fra materia e antimateria. Per fare un passo avanti, guardiamo un attimo con quali meccanismi l'universo può annichilare e bruciare la materia. I due meccanismi che analizzeremo, la disintegrazione del protone e l'evaporazione dei buchi neri, attualmente non rilevabili, senza dubbio orienteranno il divenire dell'universo in un'epoca lontana nella quale sarà ghiacciato e quasi immobile. Ma affinché quei due meccanismi si realizzino con apprezzabile probabilità occorre, paradossalmente, che la temperatura sia estremamente alta, come nei primissimi istanti dell'universo.

Dal momento che fu allora che la materia prevalse sull'antimateria, qualsiasi informazione, sia pure indiretta, su quei primi istanti può aiutarci a comprendere l'origine dell'asimmetria. Come vedremo, curiosamente le nozioni di materia e antimateria si dileguano con la disintegrazione del protone e l'evaporazione dei buchi neri, poiché al termine di questi due processi di scomparsa della materia si restaura la simmetria materia-antimateria. Dopo aver esaminato la morte della materia, ritroveremo, come già nell'equazione di Dirac, le energie negative e le particelle che risalgono il tempo, ma stavolta nel contesto della relatività generale. Infine, per arrivare a verificare le nostre teorie, dovremo imparare a padroneggiare l'antimateria per produrre e intrappolare gli atomi di anti-idrogeno che forse consentiranno di risolvere l'enigma dell'antimateria.

Per poter parlare del contenuto di materia, bisogna che questa non abbia la possibilità di scomparire senza lasciar traccia. Altrimenti potrebbe accadere di mettere al sicuro dentro una scatola un blocco di materia per poi scoprire, riaprendo la scatola, che è scomparso. In altri termini, affinché abbia un senso parlare di contenuto di materia, occorre una legge di conservazione.

Conosciamo parecchie leggi di conservazione. Alcune le consideriamo assolute poiché corrispondono ad aspetti talmente centrali delle nostre teorie che se le mettessimo in discussione distruggeremmo le basi della fisica. Una di queste è la conservazione della carica elettrica. Partiamo, ad esempio, da un blocco di materia chiuso dentro una scatola con una carica totale di un elettrone. Ciò non significa necessariamente che nella scatola ci sia un solo elettrone. Viceversa sappiamo che, finché non introdurremo altri costituenti nella scatola, la somma delle cariche di tutti i costituenti della scatola sarà sempre uguale alla carica iniziale (in questo caso, un elettrone).

Per la maggior parte dei fisici, le quantità che rendono assoluta una legge di conservazione sono la carica elettrica, il momento angolare, l'energia e l'impulso. A parte queste quantità, c'è molta riluttanza ad accettare che altre grandezze vengano conservate. La ragione è che, se una grandezza viene conservata, ciò significa che le leggi della natura devono essere immutabili, o invarianti, sotto una certa trasformazione. Per accettare che una nuova quantità entri nel pantheon delle quantità conservate, bisognebbe scoprire una nuova proprietà d'invarianza, cosa che non possiamo fare a nostro piacimento se intendiamo conservare la bellezza e la semplicità della teoria.

Come definire una quantità di materia?

Per precisare quest'idea, vediamo come si potrebbe definire la nozione di materia, tenendo presente che vogliamo che un oggetto di materia possieda una «carica di materia» opposta a quella dell'«antioggetto» (cioè lo stesso oggetto costituito, però, da antiparticelle invece che da particelle). Per arrivare a definire una legge di conservazione, cominciamo guardando intorno a noi ciò che ha l'aria di resistere bene all'usura del tempo. Un lingotto d'oro, ad esempio, rappresenta una materia praticamente inalterabile ed estremamente poco radioattiva. Celati dentro nuclei stabili di questo tipo, protoni ed elettroni sembrano qui eterni.

Il fatto stesso di esistere implica già che la materia è estremamente stabile. Se, ad esempio, la durata di vita del protone fosse inferiore a 10 milioni di miliardi di anni (10^{16}), l'effetto delle disintegrazioni dei protoni del nostro corpo sarebbe sufficiente a far sì che nessuno mai arrivasse all'età adulta a causa del gran numero di tumori provocati dalla radioattività. Per il momento, avanziamo dunque l'ipotesi che protone e neutrone siano oggetti dal nucleo stabile, e per misurare la quantità di materia di un oggetto sommiamo il numero di protoni e neutroni che lo compongono: si definisce così il *numero barionico*. Potremmo estendere questa nozione anche alle particelle instabili, ma qui non ci interessa.

Analogamente, nel caso dell'antimateria addizioneremo antineutroni e antiprotoni, ma qui, invece di contare +1 per un protone o un neutrone, conteremo −1 per ciascun antiprotone e antineutrone, come si fa per la carica elettrica. In realtà, quello che stiamo cercando di fare è contare i quark, che sono oggetti più fondamentali, dividendo per tre il numero trovato. Infatti, di quark liberi non se ne sono mai visti, ma siccome le particelle stabili ne contengono tre, è molto più comodo procedere così.

Si può ritenere che la materia che ci circonda possa, almeno in prima approssimazione, essere inventariata in questa maniera. Fin qui, però, abbiamo dimenticato gli elettroni e i neutrini, indubbiamente perché, per quanto riguarda la materia osservabile sulla Terra, il loro contributo appare trascurabile (meno di 1 su 1000 della massa degli oggetti). Pare tuttavia sensato realizzare un altro inventario, che, oltre ai quark, tenga conto di leptoni, elettroni e neutrini. Dopo tutto, se i neutrini avessero una massa, avrebbero un gran peso nell'universo, e non tenerne conto significherebbe fallire l'obiettivo del censimento della materia. Perciò, ogni volta che s'individua un elettrone, addizioneremo +1 al numero leptonico, e lo stesso vale per il neutrino (ovviamente, −1 per ogni positrone e antineutrino). Eccoci dunque con due numeri per definire il contenuto di materia: quello barionico e quello leptonico, che possiamo supporre siano conservati separatamente dal momento che il protone è molto stabile e non si disintegra mai – o molto di rado – in particelle più leggere. Questo procedimento ha il vantaggio di rispettare la costruzione in leptoni e quark del mondo delle particelle analizzato nel Capitolo 1, e pare che ci si possa fermare qui poiché i bosoni e i fotoni, che trasmettono l'informazione delle forze, sono allo stesso tempo materia e antimateria.

Il nostro metodo di censimento sembrerebbe abbastanza naturale, pur introducendo due parametri supplementari (anzi quattro, giacché le tre famiglie di leptoni hanno tutta l'aria di avere ciascuna il proprio neutrino), ma si scontra con due difficoltà di fondo. Anzitutto, la gravitazione inficia il nostro procedimento, poiché attribuiamo a una stella lo stesso contenuto di materia all'inizio e alla fine della sua vita, mentre essa ha perso parte della massa nel collasso gravitazionale. Come vedremo ben presto, il problema è reso ancora più grave dal fatto che la materia viene completamente arsa dai buchi neri, poiché l'energia iniziale della stella scompare del tutto in un universo in espansione. In secondo luogo, pare che le interazioni debole, forte ed elettromagnetica costituiscano in realtà un'unica forza, anche se ciò si manifesta solo a energie molto elevate. La nozione stessa di contenuto di materia scompare insieme alla distinzione in famiglie e a quella fra materia e antimateria.

La disintegrazione del protone

Come abbiamo visto prima, ad alte energie l'interazione debole e quella elettromagnetica si unificano in una sola interazione elettrodebole, e lo stesso vale di sicuro anche per l'interazione forte. Questa unificazione implica l'esistenza di vie di passaggio fra quark e leptoni, col vantaggio che non occorre più misurare separatamente numero barionico e leptonico, poiché adesso le due famiglie sono riunite in un'unica grande famiglia. La soluzione al problema della misura della quantità di materia può dunque apparire evidente giacché adesso basta sommare il numero di elettroni, protoni e neutroni. Vero?

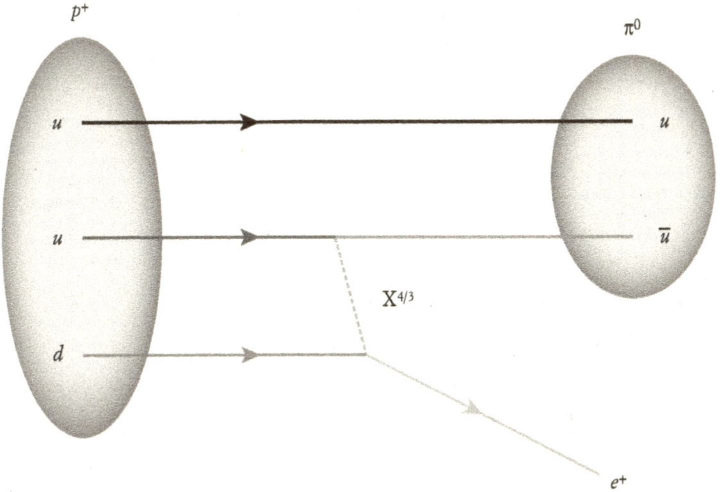

Figura 12
La disintegrazione del protone.
Le teorie di unificazione delle tre interazioni (elettromagnetica, debole e forte) prevedono la disintegrazione del protone, che avviene mediante particelle estremamente pesanti, come lo è qui il bosone X, che ha una massa compresa fra 10^{15} e 10^{16} GeV. Lo scambio di questa particella consente di trasformare due quark (qui *u* e *d*) in un antiquark e un positrone. Benché prevista dalla teoria, questa disintegrazione non è stata ancora osservata sperimentalmente.

Fonte ENS (Ecole Normale Supérieure), Parigi.

Falso! Quando infatti le tre interazioni riescono finalmente a unirsi ad alte energie, è per consentire al protone di disintegrarsi in antimateria piuttosto che in materia. Così, nel modello più semplice, ci si aspetta che il protone si disintegri in un positrone, una particella di antimateria e un mesone π°, che è la sua antiparticella.[1] Complessivamente, si è dunque trasformata una particella di materia in un'antiparticella. Per quanto elegante, l'unificazione delle forze apre così la possibilità di una modificazione della quantità di materia presente nell'universo e, a lunghissimo termine, la sua completa scomparsa.

[1] In realtà, non si disintegra tutto il protone, ma ad esempio, nella versione più semplice, si fondono due quark producendo un antiquark e un leptone (vedi fig. 12).

Cosa sappiamo oggi della disintegrazione della materia? Per capire che importanza assumerà, cominciamo a vedere il comportamento delle varie interazioni rispetto all'energia fra le particelle. Se ad alta energia le tre interazioni diventano una, allora a una certa energia le forze delle interazioni devono convergere. E per quanto ne sappiamo, accade proprio così. La forza delle interazioni, infatti, varia più o meno nel modo indicato dalla fig. 13. Come si può vedere, la convergenza delle tre forze d'interazione si verifica quando

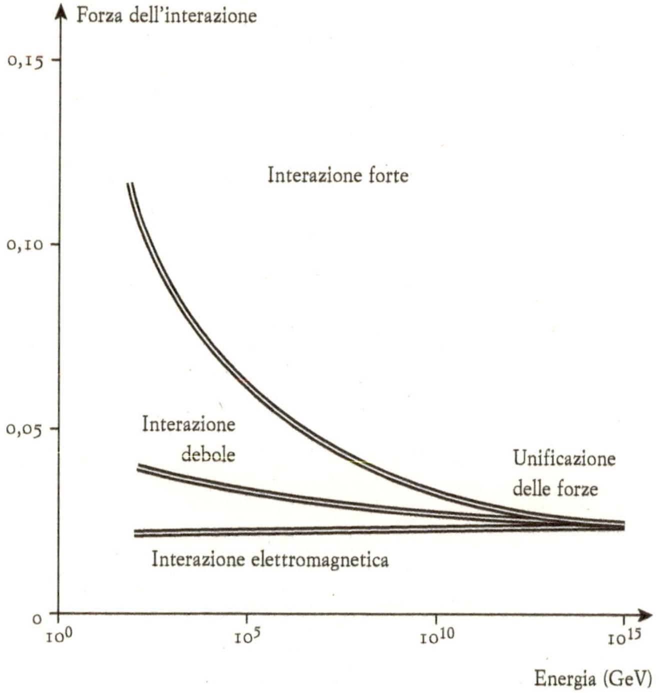

Figura 13
Convergenza delle tre interazioni.
La constatazione che le forze delle tre interazioni (debole, forte ed elettromagnetica) convergono con l'aumentare dell'energia suggerisce persuasivamente che a energie molto alte (sui 10^{15} o 10^{16} GeV) le tre forze si uniscono in un'unica forza.

Fonte S. Weinberg, *The Discovery of Subatomic Particles*, Penguin, London 1983; trad. it. *La scoperta delle particelle subatomiche*, Zanichelli, Bologna 1986.

l'energia è intorno ai 10^{15} GeV. Ma questa incredibile energia è 1000 miliardi di volte più alta di quella che gli acceleratori più potenti sono oggi in grado di produrre. Ci vorrebbe un acceleratore delle dimensioni del sistema solare per poter sperare di raggiungerla. Se ci fosse concesso questo gigantesco salto nell'ignoto, il valore dell'energia di unificazione consentirebbe di stimare la durata di vita della materia. In effetti, più è alta la barriera di energia da superare per realizzare la disintegrazione, più è lunga la durata di vita. Rispetto all'età attuale dell'universo, il valore che si ottiene (di circa 10^{31} anni) è gigantesco.

Non si tratta evidentemente di aspettare 10^{31} anni, finché tutti i protoni si disintegrino al termine della loro lunghissima vita. La durata di vita è un evento statistico, un azzardo che ci autorizza a prendere un enorme blocco di materia, contenente ad esempio 10^{32} protoni e neutroni, e aspettare che passi un anno per constatare se a quel punto si è verificata la disintegrazione di una decina di protoni o neutroni. Sorvegliare 10^{32} protoni non è agevole per svariate ragioni. Anzitutto, si ha a che fare con ben 150 tonnellate circa di materia. Inoltre, come abbiamo visto, la radiazione cosmica ci sottopone a un incessante bombardamento di particelle. Impensabile cercare di osservare qualche disintegrazione all'anno, quando centinaia di miliardi di particelle vengono continuamente a bussare alla porta dell'osservatore. All'inizio degli anni ottanta, soprattutto negli Stati Uniti, in Giappone e in Francia, si cercò di proteggere dalla radiazione cosmica in laboratori sotterranei, sotto centinaia di metri di roccia, molti esperimenti condotti per osservare la disintegrazione del protone. Nonostante molti anni di osservazione e la loro altissima sensibilità, quegli esperimenti si sono conclusi senza aver individuato alcun indizio dell'instabilità della materia, lasciando intatto il mistero della sua disintegrazione.

In seguito a quella prima generazione di esperimenti, i fisici giapponesi costruirono SuperKamiokande (fig. 14), un rivelatore con una massa complessiva di 50 000 tonnellate di acqua purissima, dotato di migliaia di fotomoltiplicatori, in grado d'individuare emissioni di energia 100 volte più deboli della disintegrazione di un protone. Questo rivelatore, parzialmente dismesso per lunghi anni a causa dell'implosione a catena, nel novembre 2001, di circa due terzi degli 11 200 fotomoltiplicatori che ne tappezzano le pareti, è

Figura 14
Protetto dai raggi cosmici nelle profondità della miniera di Kamioka, il rivelatore SuperKamiokande è costituito da un cilindro di 50 000 tonnellate di acqua purissima, le cui pareti sono tappezzate da migliaia di fotomoltiplicatori. Se vi si verifica una disintegrazione di protoni, la luce emessa dai prodotti di disintegrazione viene individuata nel giro di qualche miliardesimo di secondo dai fotomoltiplicatori, permettendo così di ricostruirne in modo preciso la configurazione. Nonostante l'imponenza della sua massa, questo tipo di rivelatore non ha ancora evidenziato la disintegrazione della materia prevista dalle teorie di unificazione.

Fonte SuperKamiokande Collaboration.

stato finalmente ripristinato nel 2006. Nonostante l'incremento della massa di questo rivelatore di seconda generazione, non sono stati ancora notati indizi sulla disintegrazione dei nucleoni (protone o neutrone), benché ora abbia una sensibilità quasi 1000 volte maggiore del livello di disintegrazione inizialmente previsto dalle teorie di unificazione.

A dispetto dell'enorme difficoltà degli esperimenti, i fisici non hanno però rinunciato a osservare la disintegrazione della materia. In effetti, con la maggiore precisione dei calcoli teorici e degli esperimenti, ci si è accorti che la convergenza delle tre interazioni – elettromagnetica, debole e forte – non era così precisa come si era pensato inizialmente (fig. 15). Bisognava dedurne che l'unità delle forze era soltanto apparente?

All'epoca in cui lavorava all'Institute for Advanced Study di Princeton (New Jersey), lo stesso frequentato da Einstein durante il suo esilio negli Stati Uniti, il fisico matematico americano Edward Witten osservò che l'esistenza di un secondo mondo specchio di particelle – le particelle supersimmetriche previste da molte teorie miranti all'unificazione della gravitazione con le altre forze (debole, forte ed elettromagnetica) – avrebbe dovuto ristabilire l'esatta convergenza. Sulla scorta dell'analisi di Witten, ci si è accorti che l'unificazione delle forze realizzata grazie alla supersimmetria (se questa appare quando si effettua l'unificazione elettrodebole)

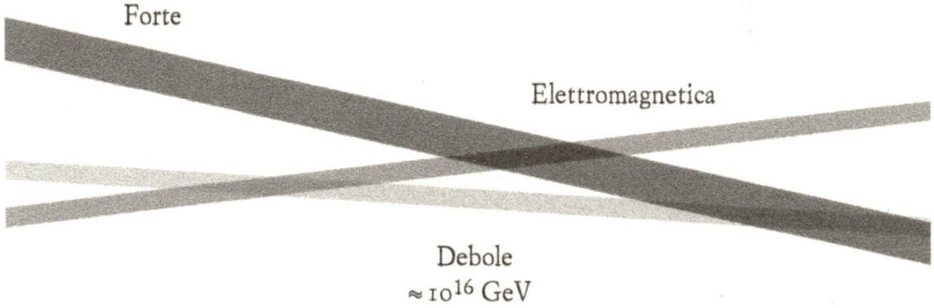

Figura 15
Negli ultimi anni ci si è accorti che le interazioni forte, debole ed elettromagnetica non convergono esattamente in un punto, come ci si aspettava, ma s'incrociano formando un triangolo. La convergenza in un punto preciso è restaurata se si suppone l'esistenza di particelle supersimmetriche con una massa compresa fra 100 e 1000 GeV circa.

Fonte ENS (Ecole Normale Supérieure), Parigi.

comporta la convergenza delle interazioni non più intorno a un'energia di 10^{15} GeV, ma di 10^{16} GeV. E, siccome la durata di vita del protone varia come la quarta potenza della massa di unificazione, la disintegrazione del protone sarebbe da 1000 a 10 000 volte più lenta di quanto i primi calcoli avevano fatto intravedere.

Forse, per rincuorare gli sperimentatori scoraggiati dai primi risultati negativi, i fisici teorici sostengono che questa correzione spiegherebbe perché essi non hanno osservato la disintegrazione del protone nei loro rivelatori da molte migliaia di tonnellate. Forse la disintegrazione della materia sarà osservabile con una nuova generazione di esperimenti, con una massa assai superiore a quella di SuperKamiokande, enorme ma ancora ragionevole. Comunque, gli sperimentatori sono intenzionati, in Giappone con HyperKamiokande e in Europa con il progetto Megaton, a fabbricare rivelatori di massa grandissima, dell'ordine di un milione di tonnellate (cioè 20 volte il volume di SuperKamiokande), con i quali sarà possibile studiare con precisione sia la disintegrazione della materia sia le interazioni dei neutrini atmosferici e solari.

I monopoli magnetici catalizzatori della disintegrazione della materia

Così come esiste una carica elementare elettrica, quella dell'elettrone, niente impedisce in teoria che esista una carica elementare magnetica, il *monopolo magnetico*. Ci sono teorie di unificazione delle forze che ne prevedono addirittura l'esistenza, ma la sua individuazione ha resistito finora a qualsiasi sforzo sperimentale, nonostante una rilevazione, non confermata, da parte del fisico americano Blas Cabrera alla Stanford University nel 1982. Dopo quella prima avvisaglia, furono messi in opera esperimenti di portata molto più ampia, come il gigantesco MACRO, che possiede una superficie di parecchie centinaia di metri quadrati di rivelatori ed è protetto dalla radiazione cosmica da oltre 1000 metri di roccia nel laboratorio sotterraneo del Gran Sasso. Il fatto che, in tanti anni, esperimenti così sofisticati non siano stati in grado di individuare dei monopoli non depone a favore di una loro possibile utilizzazione in futuro. Tuttavia, il fisico russo Valerij Rubakov ha osservato che, se fossimo capaci di produrre i monopoli magnetici previsti dalle teorie di unificazione, essi potrebbero fungere a priori da catalizzatori della disintegrazione della materia, producendo antimateria secondo le teorie di unificazione. Come ogni vero catalizzatore, il monopolo magnetico non verrebbe modificato dalla disintegrazione della materia, e dopo aver scatenato una disintegrazione lo potremmo riutilizzare per catalizzarne di nuove, rivelandosi così una fonte praticamente inesauribile di energia. Si può infatti calcolare che basterebbe un grammo di monopoli magnetici messo in circolo nella materia mediante campi magnetici per generare una potenza dell'ordine di qualche megawatt. Magneticamente cariche, queste particelle potrebbero a priori essere facilmente guidate, mentre la produzione di energia si potrebbe controllare e bloccare agevolmente non appena interrotto l'apporto di materia nei pressi dei monopoli.

Così, anche se oggigiorno non siamo in grado di produrre neanche un monopolo magnetico, comprenderne i meccanismi di produzione è assai importante, nella misura in cui esso costituirebbe una via di passaggio dalla materia all'antimateria, offrendoci una quasi totale indipendenza energetica (che sarebbe una delle più grandi scoperte dell'umanità).

Evaporazione dei buchi neri: la fine della materia

Il secondo problema fondamentale, il quale sta a indicare che la nozione di numero barionico o di contenuto di materia non è assoluta, deriva da una sorprendente scoperta legata alla fisica dei buchi neri. Come si è accennato, la relatività generale di Einstein descrive il modo in cui la materia curva lo spaziotempo. Quando la curvatura diventa talmente grande che lo spazio pare richiudersi su di sé e non lasciar sfuggire più nulla, allora si parla di buco nero.

La storia, apparentemente antinomica, dell'evaporazione dei buchi neri iniziò più o meno quando un allievo di John Wheeler, il giovane fisico americano Jacob Bekenstein, scoprì all'inizio degli anni settanta che è impossibile definire il numero barionico di un buco nero. In effetti, niente sembra impedire che in un buco nero ci si possa sbarazzare di qualsiasi cosa – materia o antimateria in eccesso – e, una volta occultato in tal modo ai nostri occhi, ciò che possiamo osservare dall'esterno non ci permette più di risalire al contenuto del buco nero. In questo modo i buchi neri sembrano delle specie di «pattumiere cosmiche».

Le sole proprietà dei buchi neri osservabili dall'esterno, che in effetti è impossibile occultare, sono la carica elettrica, il momento angolare (che ne misura la rotazione) e la massa, poiché queste grandezze sono associate a leggi di conservazione. Ogni altra peculiarità, relativa alla composizione e alla storia dei buchi neri, è inaccessibile. John Wheeler, l'inventore dell'espressione «buco nero», ha sintetizzato questa caratteristica con la frase «i buchi neri sono calvi», intendendo dire che non hanno alcuna struttura. In queste condizioni, parlare del contenuto di antimateria dell'universo non ha più senso nella misura in cui, se in un certo momento si decide di determinare la quantità di materia presente nell'universo, è impossibile risalire alla composizione dei buchi neri già esistenti. Siccome riteniamo che esistano di sicuro dei buchi neri molto massicci, divoratori di stelle situati al centro di numerose galassie, che potrebbero raccogliere parti consistenti della materia dell'universo, chiunque desiderasse determinare il contenuto di materia dell'universo potrebbe farlo soltanto con grande incertezza, poiché dall'esterno è accessibile solo la massa, ma non la composizione, dei buchi neri.

Lo stesso Bekenstein avrebbe poi rivelato un altro aspetto ancora più sorprendente della gravitazione. I fisici James Bardeen, Brandon Carter e Stephen Hawking avevano infatti osservato che le leggi di evoluzione dei buchi neri sembrano curiosamente simili alle leggi della termodinamica, dove vige un secondo principio che è in un certo senso la «legge di Murphy della fisica»: la realtà è destinata a diventare sempre più disordinata. Bekenstein fu così geniale da supporre che, lungi dall'essere un'analogia o un caso, si trattava di un'identità per cui a ogni buco nero andava associata una grandezza che ne caratterizzasse il disordine. Nel gergo scientifico, questa misura del disordine si chiama *entropia*. Laddove si parla di entropia e disordine, i fisici sanno che la temperatura non è lontana.[2] Ma come si può parlare di temperatura di un buco nero, dal momento

[2] In termodinamica entropia e temperatura sono grandezze correlate. L'inverso della temperatura si esprime come variazione dell'entropia quando si effettua una variazione dell'energia interna di un sistema tenendo costanti tutti i parametri esterni, fra cui il volume.

che il calore viene emesso da un corpo e, a quanto pare, dai buchi neri non può uscire nulla?

Durante i corsi tenuti presso l'Ecole des Houches nell'estate 1972, sulle Alpi francesi, dove Bekenstein formulò l'ipotesi che i buchi neri possedessero realmente un'entropia, l'apparente contraddizione fu immediatamente notata, e severamente criticata, da Brandon Carter e Stephen Hawking, che pure avevano individuato per primi la curiosa analogia fra le leggi di sviluppo dei buchi neri e le leggi della termodinamica. Due anni dopo, paradossalmente, proprio Hawking avrebbe dimostrato che Bekenstein aveva ragione a supporre che i buchi neri avessero una temperatura ed emettessero dunque dell'energia, anche se nella maggior parte dei casi questa emissione di energia, spesso denominata *radiazione di Hawking*, era talmente debole che era praticamente impossibile misurarla. Per un buco nero della stessa massa del Sole il tempo di evaporazione sarebbe, ad esempio, di circa 10^{66} anni, così superiore all'età attuale dell'universo (che è di «soli» 10^{10} anni circa) che è come se i buchi neri fossero davvero «troppo neri» per noi.

Eppure le conseguenze teoriche dell'evaporazione dei buchi neri sono considerevoli. Si smarrisce completamente il significato della nozione di materia. Se infatti una stella con una massa dieci volte più grande di quella del Sole sprofondasse sotto il proprio peso e diventasse un buco nero, il suo destino finale sarebbe di disperdersi per radiazione termica. Ma, quanto meno a temperature ordinarie, quando un corpo irradia calore emette fotoni. E, poiché i fotoni sono la propria antiparticella, ogni traccia del contenuto di materia che costituisce il buco nero sparirebbe, una volta che quest'ultimo evaporasse. Si può allora realmente parlare del contenuto di materia di una stella se la nozione di materia non ha più senso a partire dal momento in cui la stella sprofonda sotto il suo peso?

Evidentemente, di fronte a tempi giganteschi come quelli cui abbiamo accennato parlando dell'evaporazione di un buco nero di massa analoga a quella del Sole (10^{66} anni), si potrebbe essere tentati di affermare che comunque le conseguenze di un simile processo sarebbero praticamente inosservabili. Eppure non è necessariamente così: se infatti fossimo in grado di comprimere una massa di 10^{13} kg (equivalente più o meno a una montagna) sotto forma di buco nero, questo avrebbe una dimensione microscopica, ma una radiazione accecante. Si può infatti calcolare che la radiazione di Hawking di un simile buco nero avrebbe la potenza di una decina di centrali nucleari e un'emissione che potrebbe durare oltre 10 miliardi di anni, senza produrre scorie nucleari, dal momento che si tratta di radiazione gamma. Per poterlo utilizzare come fonte di energia, però, quel ben poco maneggevole buco nero dovrebbe essere mandato in orbita intorno alla Terra. Da questo esempio si evince che quella che appariva una mera curiosità potrebbe avere enormi conseguenze pratiche, se solo fossimo in grado di forzare la barriera di stabilità della materia.

La freccia del tempo della gravitazione

Un altro aspetto che colpisce i fisici è che l'evaporazione dei buchi neri non può essere arrestata, ma tutt'al più ritardata. In altri termini è irreversibile, e rappresenta dunque una «freccia del tempo». Infatti, nel corso dell'evaporazione, l'entropia (ovvero il disordine) dell'universo esterno aumenta perché il buco nero si consuma. Anche a fuoco molto basso, questa combustione corrisponde all'emissione di un gran numero di fotoni, e quindi a un grande aumento del disordine. Più evapora il buco nero, più dobbiamo conservare traccia di un numero sempre maggiore di particelle, se vogliamo descrivere l'universo sempre con la stessa precisione.

Mentre l'uomo della strada non si stupisce dell'affermazione che il disordine aumenta, il fisico ne resta colpito, perché l'evaporazione dei buchi neri costituisce l'unico esempio in cui pare impossibile evitare l'aumento del disordine nei processi microscopici, che diversamente rispettano sempre la simmetria passato-futuro[3] lasciando inalterata la quantità di disordine. Per render conto del paradosso introdotto dalla radiazione di Hawking, i fisici parlano di *violazione dell'unitarietà* e *aumento dell'entropia*.[4] E da più di vent'anni cercano di aggirare, o eliminare, la rivoluzione costituita dal meccani-

[3] S'impone una precisazione: sappiamo che in realtà la simmetria T è violata – in maniera debole (lo 0,6% circa) ma effettiva – in certe reazioni che mettono in gioco i kaoni neutri e, probabilmente, anche nel caso dei mesoni B.

[4] Per semplificare, una trasformazione unitaria conserva la probabilità nel corso dello sviluppo, con una probabilità del 100% quando si somma sull'insieme delle alternative.

smo di evaporazione dei buchi neri, che ha finora resistito con tanta tenacia che la maggioranza dei fisici ammette ormai che il fenomeno della combustione finale appare proprio inevitabile.

Come già sappiamo, la gravitazione è una sorta di marchingegno che brucia la materia nel cuore delle stelle: al ritmo attuale, il Sole cede sotto forma di calore, ossia di fotoni e di qualche neutrino, cinque milioni di tonnellate di materia al secondo, l'equivalente della massa della Terra in 40 milioni di anni circa. La scoperta di Bekenstein e Hawking è che la combustione prosegue finché anche le ceneri delle stelle non si siano bruciate e trasformate in calore, cioè in fotoni (che sono la propria antiparticella), perdendo così ogni traccia della composizione iniziale dell'oggetto celeste.

Il risultato intuitivo di Bekenstein, precisato nel 1974 dall'analisi di Hawking, fu confermato da una serie di ricerche concordanti. Dieci anni dopo l'ipotesi di Bekenstein, il fisico polacco Wojciech Zurek dimostrò presso il Los Alamos National Laboratory che l'entropia della radiazione emessa durante l'evaporazione dei buchi neri corrispondeva appunto a quella proposta da Bekenstein e Hawking. Del resto, nel 1996, Andrew Strominger, della University of California, Santa Barbara, e Cumrun Vafa, della Harvard University, utilizzarono una teoria delle corde a cinque dimensioni per calcolare l'entropia dei buchi neri, definiti *estremi* perché situati al limite della frontiera con il sistema visibile dagli osservatori esterni. Anche Strominger e Vafa confermarono che l'espressione dell'entropia proposta da Bekenstein e Hawking è l'*entropia termodinamica*, che corrisponde al disordine e alla complessità del sistema studiato.

Da un punto di vista teorico, il nesso tra gravitazione e freccia del tempo pare dunque adesso saldamente stabilito, anche se molta strada resta ancora da fare per una comprensione completa. Questo nesso ci spinge ora a verificare se anche nella teoria einsteiniana della gravitazione l'antimateria appare come la «materia che risale il tempo».

4.
L'antimateria può avere una massa negativa?

Avvertenza

È bene avvertire il lettore che qui stiamo entrando nel campo della speculazione. Qualcuno potrà spaventarsi di entrare in *terra incognita*, ma l'autore si augura che lo spirito della scoperta risulti più forte del timore e che il lettore lo segua nell'esplorazione con spirito critico e sempre vigile. All'epoca della prima edizione di quest'opera, apparsa nel 1996, l'accelerazione dell'espansione dell'universo non era stata ancora osservata (infatti, come poi vedremo, le prime osservazioni risalgono al 1998), e ben pochi argomenti parevano corroborare la possibilità che nell'universo agisca una gravità repulsiva. Il paesaggio sperimentale è attualmente assai diverso, con un coerente complesso di misure che confermano le osservazioni iniziali effettuate nel 1998. Così, anche se quanto andrò descrivendo resta tuttora a un livello molto speculativo, adesso è diventato assai più naturale ricercare in direzione dell'antimateria spiegazioni dell'incredibile gravità repulsiva osservata dalla cosmologia.

La materia che risale il tempo

Come si è già visto, fin dall'inizio dei suoi studi sull'antimateria Dirac aveva osservato che le risoluzioni che nelle sue equazioni descrivono l'antimateria invertivano la direzione del tempo rispetto alle risoluzioni concernenti la materia. A ogni risoluzione di energia positiva, che rappresenta una particella di materia, si poteva far corrispondere una risoluzione di energia negativa. Poiché tempo ed energia sono, come si suol dire, grandezze coniugate, dove il cambiamento di segno dell'una può essere «nascosto» dal cambiamento di segno dell'altra, anche le particelle di massa negativa scoperte da Dirac nelle sue equazioni potevano considerarsi particelle che risalgono il corso del tempo.

Vent'anni dopo, negli anni cinquanta, John Wheeler e Richard Feynman corroborarono il nesso fra antimateria e inversione del tempo. Fu in quell'epoca, infatti, che parallelamente ai lavori di Freeman Dyson e Schin'ichiro Tomonaga, Feynman mise a punto un metodo che consentiva di calcolare con esattezza i processi quantistici dell'elettromagnetismo. Il metodo era basato sull'idea che ogni processo potesse esprimersi come la somma (sfortunatamente infinita) di tutti i processi elementari possibili. In un certo senso, ciò significa che la natura può e deve realizzare ogni tentativo capace di collegare lo stato iniziale e quello finale dell'esperimento.

In questo approccio – che oggi chiamiamo *integrale di cammino* (*path integral*) *di Feynman* – si calcola la probabilità che ha un processo di realizzarsi autorizzando per ogni particella tutte le traiettorie possibili, anche quelle dove momentaneamente risale il corso del tempo. Rappresentando graficamente questi zig-zag nello spaziotempo, Wheeler osservò che potrebbe esistere un solo elettrone nell'universo, la cui tortuosa traiettoria attraverso l'universo apparirebbe come una moltitudine di elettroni e positroni (vedi fig. 3). Quando ebbe questa sorprendente idea, John Wheeler si eccitò talmente che chiamò al telefonò Richard Feynman, allora studente di dottorato a Princeton, per verificarne con lui le conseguenze. Nel discorso che pronunciò nel 1965, quando ricevette il Nobel per la fisica,[1] Feynman cita questo suo scambio di battute con Wheeler: «Io lo so, Feynman, perché tutti gli elettroni hanno stessa carica e stessa massa».

«Perché?»

«Perché sono tutti lo stesso elettrone! Supponiamo che le linee seguite dalle particelle, che normalmente consideriamo nello spaziotempo, invece di andare soltanto avanti nel tempo, costituisca-

[1] Vedi *The Development of the Space-Time View of Quantum Electrodynamics*, in «Nobel Lectures, Physics 1963-1970», Elsevier, Amsterdam 1972.

no un gigantesco gomitolo di spago aggrovigliato. Se tagliamo il gomitolo per osservare la situazione in un certo istante, lo spacco mostra un gran numero di elettroni, ma con questa particolarità: quando l'elettrone va avanti nel tempo, lo riconosciamo come elettrone; quando invece viene dal futuro, ha il segno sbagliato per il tempo giusto, e ciò equivale a invertire la carica, sicché in questa parte della traiettoria corrisponderebbe a un positrone».

«Ma, professor Wheeler, nell'universo i positroni sono molti meno degli elettroni».

Wheeler restò un po' interdetto dall'imprevista obiezione alla sua teoria, poi replicò: «Può darsi che i positroni siano nascosti nei nuclei e quindi non appaiano più come positroni».

Di fronte all'impossibilità di spingersi oltre, la disputa fra Wheeler e Feynman si concluse così, ma poi, nella teoria quantistica dei campi di cui costruì una delle versioni tuttora utilizzate, Feynman utilizzò il positrone come un elettrone che risale il tempo.

Oggigiorno è curioso constatare che in un certo senso la fisica ha parzialmente fatto propria l'idea di Wheeler: nelle teorie di unificazione delle forze, le vie di passaggio fra quark e leptoni non solo esistono ma permettono anche di capire perché la carica del protone è esattamente uguale a quella del positrone. Un'altra conseguenza di questa unità delle forze, almeno ad altissime energie, è che il protone può disintegrarsi, ad esempio in un positrone accompagnato da un mesone neutro. In questo senso, un positrone si dissimula in un protone e, in ultima analisi, la simmetria fra materia e antimateria finisce senza dubbio per essere rispettata.

Ma, se l'antimateria è appunto la materia che risale il tempo, è abbastanza difficile capire come due tempi opposti possano coesistere nello stesso spazio, nel medesimo posto. Da questo punto di vista, la teoria della gravitazione di Einstein, la relatività generale, getta nuova luce, precisando maggiormente la teoria di Dirac. Infatti, descrivendo lo spaziotempo come una superficie curva, la teoria einsteiniana della gravitazione permette di capire la struttura delle pieghe del tessuto dello spaziotempo. Fu Brandon Carter, alla metà degli anni sessanta, a elaborare gli strumenti necessari per questa nuova concezione basata sull'analisi matematica dei buchi neri.

Fin dal 1916, l'astronomo tedesco Karl Schwarzschild – poco dopo aver scoperto la relatività generale, mentre combatteva come artigliere durante la Prima guerra mondiale – aveva fornito una soluzione esatta delle equazioni di Einstein della simmetria sferica. Qualche mese dopo, nel maggio 1916, morì tragicamente di malattia sul fronte russo, ma la geometria da lui scoperta avrebbe svolto un ruolo assai importante. A poco a poco, si capì che la risoluzione di Schwarzschild descriveva una deformazione dello spaziotempo che racchiudeva in sé quello che oggi chiamiamo *buco nero*, una regione dello spaziotempo apparentemente senza ritorno, da cui neppure la luce poteva sfuggire. Ci volle oltre mezzo secolo per capire questa risoluzione, che aveva la simmetria perfetta di una sfera, una delle più semplici della relatività generale. Ma, ben prima di arrivare a capire la geometria dei buchi neri di Schwarzschild, i matematici si erano lanciati alla ricerca di risoluzioni capaci di descrivere i casi più realistici dei corpi in rotazione, come la maggior parte degli oggetti astrofisici, o dei corpi dotati di una carica elettrica. Solo nel 1963, anche qui a una cinquantina d'anni di distanza dalla formulazione della relatività generale, il matematico neozelandese Roy Kerr ebbe l'idea di una trasformazione di coordinate, di un mutamento di cartografia che consentisse di passare da un buco nero immobile a un buco nero rotante. E, pochissimo tempo dopo la scoperta di Kerr, al fisico americano Ezra Newman venne in mente una seconda trasformazione di coordinate, analoga a quella utilizzata da Kerr, che permetteva di descrivere buchi neri dotati insieme di una carica e di un movimento di rotazione interna.

Ma in effetti fu al giovane fisico matematico Brandon Carter, che all'epoca stava ultimando la tesi di dottorato a Cambridge, che venne attribuito il merito di evidenziare le straordinarie proprietà di quelle nuove risoluzioni della teoria di Einstein. Carter studiò le proprietà di un «buco nero elettrone» – ossia di un buco nero dotato della massa, della carica e del movimento di rotazione interno di un elettrone – le quali permettevano di descrivere le risoluzioni scoperte da Kerr e Newman.

In realtà, come ebbe modo di osservare Carter, la definizione di buco nero è in questo caso inadeguata: con grandissima sorpresa, si rese infatti conto che il «buco nero elettrone» non era affatto un buco nero senza ritorno, come si sarebbe aspettato. Il movimento di rotazione dà infatti al «buco nero elettrone» la forma di un anello, che, se anche lo si attraversa, è sempre possibile ritornare indietro. La definizione coniata da Wheeler, *worm hole*,[2] pare molto più adeguata a descrivere quel piccolo passaggio di dimensioni microscopiche, e in seguito ci atterremo anche noi ad essa.

L'aspetto più sorprendente era che, se un osservatore fosse stato abbastanza piccolo da passare dentro l'anello, avrebbe scoperto un secondo spazio dalle incredibili proprietà. Anzitutto, se nel primo spazio aveva avuto a che fare con un worm hole elettrone, nel secondo avrebbe trovato un positrone di carica esattamente opposta. Inoltre, se il worm hole elettrone lo aveva attirato gravitazionalmente, adesso, dall'altra parte dell'anello, l'osservatore avrebbe sperimentato una repulsione gravitazionale (fig. 16). Questo perché il passaggio da una parte all'altra dell'anello cambia anche il segno della massa. Infine, Carter mise in rilievo la qualità più sorprendente dei worm holes: esplorando il secondo spazio, dove la massa è negativa e repulsiva, si può risalire indietro nel tempo finché si vuole raggiungendo qualsiasi punto dello spaziotempo.

In un secondo saggio di rilievo sul worm hole elettrone, Carter non prese sul serio la possibilità che il secondo spazio, quello repulsivo e dove si può risalire il tempo, potesse rappresentare una particella realmente esistente in natura. Definiva infatti «totalmente vizioso» lo spaziotempo del worm hole elettrone che stava scoprendo. Ma è difficile che a un fisico delle particelle possa sfuggire la sorprendente somiglianza esistente fra le proprietà delle due parti del worm hole elettrone e quelle che, nell'equazione di Dirac, accomunano l'elettrone al positrone. Infatti questa somiglianza è stata rilevata non solo dallo stesso Carter, ma anche da molti altri fisici come Remo Ruffini, Matt Visser e John Wheeler. In entrambi i casi infatti carica, massa e tempo s'invertono nel passaggio da una metà all'altra della risoluzione. Ma, alla fine degli anni sessanta, erano troppi i paradossi che inficiavano ancora il viaggio nel tempo perché fosse possibile prendere sul serio risoluzioni che facevano apparire indissociabili elettrone e positrone, materia e antimateria.

L'atteggiamento dei fisici di fronte a regioni di gravità repulsiva è un po' schizofrenico: per un verso, vedono bene che esistono; per un altro, fanno come se non esistessero, perché creano loro pro-

[2] In italiano *worm hole* viene tradotto con «buco di verme» o «galleria di tarlo», ma nella comunità scientifica è più comune l'uso dell'espressione inglese. [*N.d.R.*]

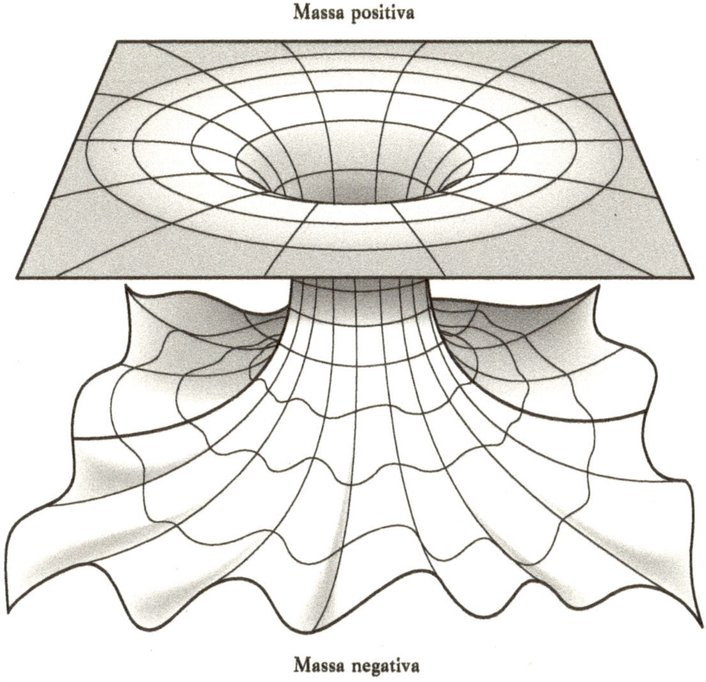

Figura 16
La geometria di Kerr.
Questa rappresentazione, molto semplificata, di un worm hole in rotazione, o worm hole di Kerr, mostra le due parti dello spazio: quella in alto dove la gravitazione è attrattiva e quella in basso dove la gravitazione è repulsiva. I due spazi sono collegati da una specie di tunnel denominato, appunto, worm hole.

blemi legati all'instabilità delle risoluzioni (le masse negative) e al fatto che queste sembrano autorizzare il viaggio nel tempo, che è indubbiamente uno degli aspetti più conturbanti e affascinanti degli ultimi sviluppi delle teorie sulla gravitazione. Chiaramente è impensabile che la gravitazione, come del resto le altre interazioni, possa legittimare qualsiasi paradosso temporale che consenta di risalire il tempo per modificare il passato. La natura non è paradossale; essa *è*, e distrugge da sé metodicamente ogni macroscopica «macchina del tempo». Non è invece escluso che, a livello microscopico, il brulichio di worm holes di piccolissime dimensioni sia una componente essenziale del mondo quantistico.

Così, anche se in ultima analisi la natura sopprime ogni possibilità di «macchine del tempo», il loro studio nel contesto della gravitazione consente di esplorare meglio i più nascosti recessi della teoria e anticiparne gli esiti.

Il viaggio nel tempo è paradossale?

Due lavori, apparsi a distanza di venti e trenta anni da quello di Carter, hanno permesso di fare notevoli progressi, e potrebbero corroborare la definizione dell'antimateria che pare proporre la teoria gravitazionale di Einstein. Il primo contributo lo si deve al fisico americano Kip Thorne e ai suoi collaboratori. In gran parte, egli sta ripercorrendo le linee essenziali dello studio di Carter, ma l'aspetto più originale riguarda la persuasiva dimostrazione che il viaggio nel tempo, evocatore più della fantascienza che della scienza «dura», non comporta alcuno dei paradossi temporali che si compiacciono di descrivere gli scrittori di fantascienza.

Carl Sagan, il noto scienziato e divulgatore americano scomparso nel 1996, lanciò ai relativisti, alla fine degli anni ottanta, la sfida della costruzione, da parte di una civiltà molto più progredita della nostra, di una configurazione che permettesse di viaggiare istantaneamente da un punto all'altro. Per questo Sagan proponeva di costruire un worm hole di dimensioni macroscopiche, una sorta di cunicolo nello spaziotempo, che costituisse una scorciatoia, come un brevissimo passaggio segreto fra due punti lontanissimi fra loro nello spazio ordinario (fig. 17).

Sagan propose dapprima di gettarsi coraggiosamente dentro un buco nero sperando di uscire dall'altra parte grazie a una «fontana bianca», il film all'incontrario del collasso del buco nero. Kip Thorne, amico di Sagan ed ex allievo di John Wheeler come Bekenstein, gli ricordò subito che questo tipo di risoluzione, notoriamente instabile, non rispondeva al suo problema perché l'eventuale passaggio fra il buco nero e la fontana bianca si sarebbe richiuso necessariamente prima che anche un solo fotone fosse riuscito ad attraversarlo. Però, memore delle risoluzioni di Kerr e Newman, Thorne propo-

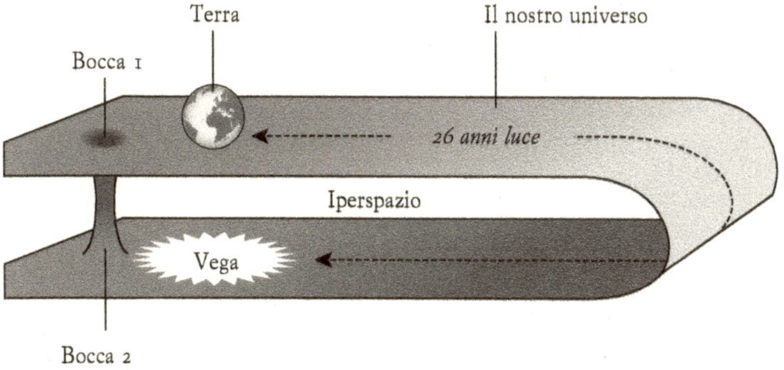

Figura 17
Il worm hole di Kip Thorne.
Un worm hole che collegasse la Terra a Vega determinerebbe questa geometria dello spazio. Due itinerari, infatti, permetterebbero di effettuare il viaggio verso Vega: percorrendo una distanza di 26 anni luce attraverso lo spazio ordinario o passando quasi istantaneamente attraverso la scorciatoia del worm hole.

Fonte K. Thorne, *Black Holes and Time Warps*, Norton, New York 1995.

se subito una risoluzione che consentiva di realizzare un worm hole. Il problema è che pareva autorizzare le macchine del tempo!

Il nesso fra macchine del tempo e antimateria può apparire sottile, ma, a guardare bene, parte della soluzione del mistero dell'antimateria forse sta proprio qui. Per realizzare la sua macchina del tempo, ben presto Thorne dimostrò che doveva necessariamente fare appello a una materia esotica capace di creare una gravitazione repulsiva. La ragione era semplice: per non essere schiacciato dalle pareti del cunicolo del worm hole, il suo costruttore doveva necessariamente usare una forma di materia che, pur espellendo l'esploratore, tenesse salde le pareti in modo che questi potesse uscire dal worm hole verso lo spazio ordinario. In altri termini, è necessario trovare una materia che generi una gravitazione repulsiva invece della gravitazione attrattiva che ci è familiare. Ciò implica che questa strana forma di materia possieda, almeno in certi punti, una densità di energia negativa, proprietà che ai fisici ripugna per l'instabilità che essa comporta. Ecco l'analogia con le risoluzioni di energia negativa di Dirac, che hanno introdotto la nozione di antimateria come materia che, appunto, risale il tempo.

Ma anche ammettendo che, al contrario di ciò che appare intuitivo, il viaggio nel tempo non comporti paradossi, la repulsione gravitazionale prevista da Carter nel passaggio da una parte all'altra del worm hole di Kerr è un fenomeno che nessuno ha mai osservato in natura.

Accelerazione dell'espansione dell'universo

Davvero *nessuno*? In realtà, nel 1998 il mondo della fisica fu scosso da un clamoroso annuncio di due gruppi di scienziati prevalentemente americani: il Supernova Cosmology Project, diretto da Saul Perlmutter, e l'High-z Supernova Search, diretto da Brian P. Schmidt. Le due équipe annunciarono quasi contemporaneamente i risultati dei propri studi sul rallentamento dell'universo. Ebbene, a dispetto di ciò che la stragrande maggioranza dei fisici si aspettava di trovare confermato, l'espansione dell'universo accelera invece di rallentare, almeno alle lontanissime distanze raggiunte dalle osservazioni.

Per capire la diffidenza che accompagnò all'inizio l'enorme interesse suscitato da quelle osservazioni, bisogna tenere conto della difficoltà di queste misure cosmologiche. È impossibile, infatti, misurare le variazioni dell'espansione dell'universo da distanze inferiori a molte centinaia di milioni di anni luce. Se ci si limita a distanze così «brevi», gli effetti di un'accelerazione o un rallentamento nell'espansione dell'universo sono troppo deboli per essere chiaramente identificati. Se però li osserviamo da distanze di molti miliardi di anni luce, allora si pone il problema della determinazione della scala delle distanze. Nel corso degli anni, però, i fisici hanno concentrato i loro sforzi su un promettente insieme di «candele standard», oggetti la cui luminosità è sufficientemente ben conosciuta da permettere di stabilire un nesso affidabile tra luminosità osservata e distanza dall'osservatore. Gli oggetti in questione sono le supernovae, stelle la cui fine catastrofica sprigiona per qualche istante incredibili quantità di energia e la cui luminosità al momento dell'esplosione supera quella dell'intera galassia che le contiene.

In realtà, non tutte le supernovae hanno una luminosità abbastanza riproducibile da renderle delle «candele standard». Solo le supernovae generate da un sistema binario, denominate tecnicamente SN Ia, hanno una modalità di innesco dell'esplosione finale che le rende sufficientemente riproducibili da poter servire come «candele standard». In questo tipo di sistemi, la futura supernova assorbe a poco a poco il vento di materia emesso dalla stella compagna ed è gradualmente condotta verso un catastrofico collasso. Rigorosamente parlando, l'energia emessa da una supernova SN Ia non è sempre identica, ma dipende dalla sua storia (quella che i fisici chiamano *metallicità*). L'essenziale tuttavia è che, osservando l'esplosione di una supernova SN Ia, se ne può dedurre con estrema precisione l'energia che emette e la distanza dall'osservatore grazie alla misura dello spostamento verso il rosso (*redshift*) della sua luce.[3]

Nelle prime osservazioni, basate su alcune decine di supernovae, i due gruppi di scienziati esclusero che l'espansione dell'universo rallentasse, come faceva presagire la gravitazione attrattiva che ci è familiare. Ma la conferma dell'accelerazione nell'espansione dell'universo imponeva di osservare una maggiore quantità di supernovae. E data l'importanza fondamentale di tali osservazioni, i ricercatori, in feroce competizione fra loro, ottennero un considerevole tempo di osservazione sul satellite spaziale Hubble. Alla fine del 2005, la nuova serie di osservazioni ha pienamente confermato quelle iniziali con una precisione maggiore, mentre anche la misura del rumore di fondo radiocosmologico di 2,7 kelvin, residuo del Big Bang, e l'osservazione di grandi strutture dell'universo hanno permesso di precisare la composizione dell'universo secondo due componenti: l'una, attrattiva, attribuita alla materia; l'altra, repulsiva, largamente sconosciuta.

In definitiva, oltre il 70% della densità dell'universo risulta legata alla gravità repulsiva, di origine ancora ignota, mentre un terzo dipende da una materia che è anch'essa largamente sconosciuta. La quantità di materia ordinaria, determinata con precisione grazie alla misurazione della composizione dell'universo (in particolare la percentuale di elio), rappresenta, curiosamente, un po' più del 4% del totale.

Così, se l'esistenza di una gravità repulsiva pare ormai fermamente accertata, i fisici faticano ancora a trovare una spiegazione natu-

[3] Nel quadro di queste misurazioni, i fisici sono interessati alla *distanza di luminosità*, che è il rapporto tra il flusso di luce ricevuto da un oggetto e la sua luminosità assoluta.

rale di questa sorprendente forma di energia. Per comprendere le difficoltà che essi hanno a giustificare questa gravità repulsiva, bisogna ritornare all'epoca in cui, per ragioni sostanzialmente filosofiche, Einstein aveva incorporato nella sua teoria una costante cosmologica. A questa energia repulsiva del vuoto egli diede un po' di credito, per via della stabilità che pareva dare all'universo, reso così immutabile ed eterno. Ma ben presto si rese conto che era una stabilità illusoria, anche nel caso di un universo perfettamente omogeneo, perché sarebbe stata distrutta dal minimo squilibrio che avesse spinto la materia ad aggregarsi in galassie. Privata della sua giustificazione, Einstein giunse alla conclusione che la costante cosmologica su cui aveva basato la sua teoria fosse il suo «più grande errore».

L'universo immaginato da Einstein non poteva comunque essere eterno, perché le stelle si consumano e hanno una durata di vita finita, anche se la si calcola in miliardi di anni. Oggi sappiamo che nel passato l'universo è stato molto più denso di adesso (con una densità media di circa un protone per metro cubo). Recenti osservazioni dai palloni e dai satelliti ci consentono infatti di vedere com'era l'universo all'incirca 14 miliardi di anni fa, quando cessò di essere un plasma molto simile agli strati esterni del Sole.

Come si è visto, circa 380 000 anni dopo il Big Bang, a una temperatura grosso modo di 3000 gradi, l'universo diventò trasparente. Le osservazioni attuali ci permettono di contemplare gli ultimi istanti di quella «stella-universo», quando era all'incirca 1000 volte più piccola di ora in ognuna delle tre dimensioni spaziali e all'incirca un miliardo di volte più densa. Proprio per la sua natura, la costante cosmologica introdotta da Einstein ebbe un ruolo assolutamente marginale, di appena un miliardesimo, nel balletto cosmico. E il suo ruolo fu ancora più trascurabile nei primi istanti dell'universo, quando la densità era talmente enorme che tempo e spazio erano praticamente privi di senso. In quel «momento» della gravità quantistica, infatti, la costante cosmologica aveva un peso infimo nella densità della materia e della radiazione, all'incirca 10^{-120}; un numero così piccolo da apparire ingiustificabile, tanto che Einstein, già scottato dal fallimento della stabilità che la costante cosmologica non sembrava garantire, preferì abbandonarlo.

L'esperienza della gravità repulsiva ha ridato credito alla costante cosmologica di Einstein, ma non ha risolto l'enigma dell'improbabilità del suo valore sperimentale. In questo contesto, pare opportuno tenere conto della gravità repulsiva, mutuata naturalmente dalla teoria einsteiniana, in molte delle sue risoluzioni, e in particolare nei worm holes che tanto assomigliano a particelle elementari. Può darsi che un universo in cui fosse restaurata la simmetria materia-antimateria e la massa gravitazionale dell'antimateria fosse negativa porterebbe naturalmente alle percentuali di gravità repulsiva e attrattiva osservate oggi. In altri termini, guardato a grande distanza – ben oltre gli ammassi di materia e la nube diffusa di antimateria repulsiva –, l'universo apparirebbe in qualche modo «vuoto», ovvero costituito in uguale misura da materia di massa positiva e da antimateria di massa negativa. È troppo presto oggi per stabilire se questa spiegazione basata sulle masse negative sia quella valida, ma l'individuazione della repulsione osservata a distanze cosmologiche è una motivazione assai forte in tale direzione.

Dialoghi a tempi opposti

Uno degli aspetti più interessanti della definizione di antimateria proposta dalla teoria gravitazionale di Einstein sta nel significato che attribuisce alla nozione di «materia che risale il tempo». In effetti, la relatività ristretta, secondo cui lo spaziotempo è piatto, non consente di capire in che modo due tempi di senso opposto possano coesistere in uno stesso luogo. Ma, come si è visto, la gravitazione, non essendo altro che la deformazione dello spaziotempo, permette, almeno in linea di principio, un dialogo fra due regioni dove il messaggio è distorto fino al punto da esserne invertito il tempo.

Esiste una situazione in cui questo dialogo a tempi invertiti si verifica senza dubbio realmente, anche se la verifica sperimentale è resa quasi impossibile dalle condizioni estreme che regnano vicino a un buco nero in rotazione. Si deve al fisico matematico di Oxford Roger Penrose lo studio del meccanismo che permette di estrarre energia da un buco nero, cosa fino ad allora ritenuta impossibile. Penrose evidenziò che nei buchi neri in rotazione esiste una regione – da lui chiamata *ergosfera*, dal greco *ergon* che significa «lavoro» – nella quale il movimento di stravolgimento dello spaziotempo è talmente accentuato che un osservatore non potrebbe resistere alla rotazione del buco nero e ne sarebbe necessariamente travolto. Così Penrose accertò che, sacrificando un oggetto lanciato verso il buco nero in rotazione, un ardimentoso astronauta potrebbe estrarne energia.

Se poi ritorniamo ai due spazi collegati dal worm hole descritti da Brandon Carter, ci accorgiamo che, anche lì, due osservatori che cercassero di stabilire un dialogo fra i due spazi si troverebbero alle prese con un dialogo a tempi contrapposti. Se, ad esempio, uno dei due intonasse *La marsigliese*, quello situato dall'altra parte del worm hole sentirebbe l'inno cantato all'incontrario.

Il fisico americano Larry Schulman, docente alla Clarkson University di Potsdam (New York), ha cercato di studiare quali conseguenze comporterebbe l'interazione fra il nostro universo e un altro simile, ma dove il tempo scorresse all'incontrario.

Per capire che genere di problema pone un dialogo a tempi invertiti, immaginate di scambiare messaggi con qualcuno che abiti in un mondo dove il tempo scorre all'incontrario, e che questa situazione vi dia l'idea di poterne trarre reciproco vantaggio. Concordate un meccanismo di mutua assistenza: installando una cinepresa sia da voi che da lui, e trasmettendo le immagini al vostro amico nel mondo a tempo invertito, potrete intervenire per prevenire eventuali sciagure. Quando vedete un evento increscioso, come una rapina o un inizio d'incendio, aspettate prudentemente qualche ora che torni il momento in cui è iniziata la sciagura (non dimenticate, infatti, che state vedendo all'incontrario lo svolgimento dei fatti). Aspettare un po' non farà male al vostro amico, anzi gli darà più tempo per prevenire la sciagura.

Ma pare proprio di trovarsi dinanzi a un paradosso. Com'è possibile prevenire una situazione che abbiamo già visto verificarsi? E, ancora più grave, quelle osservazioni non mettono a rischio le frecce del tempo dei due osservatori? Il film di un incendio proiettato all'incontrario – dove gli oggetti divorati dalle fiamme si ricompongono e letteralmente rinascono dalle loro ceneri – rappresenta, ad esempio, una situazione assolutamente improbabile nel nostro mondo. Il film di un bicchiere che si rompe o di un giornale che prende fuoco necessita di una fantastica precisione affinché, proiettato all'incontrario, ricomponga il bicchiere andato in frantumi o il giornale andato in fumo. Il semplice fatto di sfiorare con lo sguardo il mondo a tempo invertito non farà svanire il portento?

Situazioni come quelle che stiamo descrivendo sono troppo complesse per poterle studiare con equazioni esatte. Ecco perché Larry Schulman ha cercato di semplificare la situazione studiando due sistemi formali di particelle puntuali, leggermente accoppiate a tempi opposti. Il suo saggio *Opposite Thermodynamics Arrows of Time*, apparso sull'ultimo numero del XX secolo dall'autorevole e prestigiosa pubblicazione «Physical Review Letters», è fin troppo semplicistico per offrire una vera dimostrazione; esso però è fondamentale nella misura in cui sostiene che le frecce del tempo di entrambi i sistemi risultano conservate, a meno che le interazioni fra i due mondi con frecce del tempo opposte non siano estremamente forti, perché in tal caso pare che le due frecce scompaiano entrando in contatto.

Ma allora che cosa ci impedisce d'intervenire nel passato del mondo dal tempo invertito? Prevenire eventi che abbiamo già visto verificarsi non è qualcosa di paradossale?

Be', no, non è affatto paradossale. Nella nostra descrizione si è omesso un punto fondamentale: in un universo con il tempo alla rovescia tutto è alla rovescia, anche gli scambi di energia fra noi e gli oggetti che guardiamo, scambi che permettono l'osservazione. Prendiamo, ad esempio, un meteorite che sta per schiantarsi al suolo. Nel mondo in cui sta per verificarsi la catastrofe, i raggi mattutini del Sole illuminano la scena permettendo alle cineprese di documentare la collisione. Questa, sprigionando una fenomenale energia, invia dei fotoni, particelle di luce, dal luogo dell'esplosione ai vostri occhi. Se invertiamo la direzione del tempo, la scena risulta inosservabile e non possiamo preavvertire chi abita nell'altro mondo. Infatti non basta proiettare il film all'incontrario con un proiettore la cui luce va dalla scena ai vostri occhi. Va invertito anche il flusso di energia: dopo l'inversione del tempo, ora sono i vostri occhi a emettere fotoni. E questi granelli di luce si precipiteranno verso il Sole mentre il meteorite si ricompatterà ritornando integro. Un altro esempio potrebbe essere quello del film, sonoro, di un concerto: in tal caso le onde sonore emesse dalle pareti, dall'arredamento della sala e dalle orecchie degli spettatori convergerebbero verso gli archetti e gli ottoni degli strumentisti...

Lo studio di Schulman conferma dunque che l'accoppiamento di due regioni dello spazio dai tempi opposti non porta necessariamente alla distruzione della freccia del tempo dell'una o dell'altra. Le sue analisi, non meno di quelle di Thorne e dei suoi collaboratori, dimostrano insomma che la struttura di universi doppi con tempi opposti suggerita dai worm holes, particelle della relatività generale, non conduce a ineluttabili paradossi.

Pesare l'antimateria

Ci si può chiedere se l'antimateria abbia lo stesso peso della materia. In particolare, è vero che l'antimateria «antigravita», ovvero esercita una forza repulsiva anziché attrattiva sui corpi di materia? Per essere ancora più precisi, la teoria della gravitazione di Einstein, la relatività generale, *predice* questo tipo di gravità repulsiva per l'antimateria? Per la maggior parte dei fisici la risposta è evidente: il principio di equivalenza (secondo il quale in condizioni iniziali identiche tutti i corpi seguono la medesima traiettoria) è talmente essenziale nella teoria della relatività generale che non si capisce bene come questa teoria della gravitazione potrebbe distinguere il peso della materia da quello dell'antimateria.[4]

Va infatti ricordato che la relatività generale descrive il modo in cui lo spaziotempo è curvato dalla materia. Una volta indicata la maniera in cui esso si curva, il principio non potrebbe essere più semplice: la via che sceglie la materia è la più breve (se ci sembra la più *lunga* è perché consideriamo la distanza nello spaziotempo e non nello spazio tridimensionale). Dal momento che la curvatura dello spazio è la stessa per tutti i corpi, comunque siano composti, questi devono per necessità seguire lo stesso destino, se vengono lanciati nelle medesime condizioni. Eppure, come vedremo, ci attende una sorpresa non indifferente.

[4] Ci sono però alcuni fisici che cercano di rimettere in discussione tale convinzione. Citiamo, ad esempio, Michael Nieto e Terry Goldman a Los Alamos; Albert Overhauser ed Ephraim Fishbach alla Purdue University di West Lafayette (Indiana); Theodor Hänsch, premio Nobel per la fisica 2005; o ancora Allen P. Mills alla University of California, Riverside.

Antigravità e instabilità del vuoto

Il mio interesse per questa curiosa faccenda nacque mentre cercavo di dimostrare l'impossibilità che la materia e l'antimateria avessero pesi diversi (il peso non è altro che la forza d'attrazione gravitazionale). Il ragionamento era questo: supponiamo che ci sia una grande differenza di peso fra materia e antimateria. Allorché la differenza diventa assai rilevante, va a finire che il vuoto si «rompe», cioè si mette a produrre particelle in presenza di un campo gravitazionale (non va dimenticato, infatti, che il «vuoto» quantistico è vuoto solo di nome, poiché contiene coppie, definite virtuali, particella-antiparticella, ad esempio elettrone-positrone).

Un tale effetto di rottura del vuoto lo si osserva nel caso della carica elettrica: se creiamo dei nuclei con oltre 140 protoni circa (che, pur essendo instabili, possono essere prodotti per brevissimi istanti nella collisione fra due nuclei più leggeri), il campo elettrico del nucleo attrae a tal punto gli elettroni che diventa vantaggioso per il vuoto creare una coppia elettrone-positrone. L'elettrone diminuirà la carica del nucleo piombando su quest'ultimo, mentre il positrone verrà violentemente respinto. Ovviamente, non stiamo ipotizzando che esista una diversità di comportamento così rilevante fra materia e antimateria nel campo di gravitazione terrestre. Ma, nel caso abbiano pesi diversi, dobbiamo aspettarci che il vuoto si metta a irradiare, e dunque diventi instabile.

Oggi, come all'epoca di Dirac, l'instabilità del vuoto è inaccettabile per la maggior parte dei fisici. Ma forse l'evaporazione del vuoto accanto a un corpo massiccio è troppo debole per essere notata. Concentrando infatti la massa della Terra in un buco nero, avremmo l'evaporazione del buco nero e l'instabilità del vuoto, ma con una radiazione talmente debole (miliardi di volte più debole del calore emesso dal corpo umano) che sarebbe assolutamente impossibile misurarla sulla superficie della Terra. Consideriamo dunque come limite accettabile per l'evaporazione del vuoto quello che si osserverebbe se la massa fosse concentrata in un buco nero, il cosiddetto *effetto Hawking*. Quale differenza di peso fra materia e antimateria occorrebbe per produrre la stessa evaporazione del vuoto? La risposta è assai curiosa: occorrerebbe che l'antimateria «antigravitasse», cioè che la massa della Terra cambiasse di segno e la respingesse, invece di attirarla come fa la materia con la sua massa positiva.

Antigravità e asimmetria materia-antimateria

In realtà c'è un altro sistema dove una debole differenza di peso fra materia e antimateria può portare a conseguenze osservabili: si tratta dei kaoni neutri, in cui ci siamo già imbattuti, che costituiscono appunto l'unica coppia particella-antiparticella in cui si osserva una violazione della simmetria CP, ossia una differenza di comportamento fra materia e antimateria. Chiediamoci adesso qual è la differenza di accelerazione fra materia e antimateria necessaria per spiegare la violazione CP nel sistema dei kaoni. Una domanda analoga se l'era posta, nel 1961, il fisico americano Myron Good. Ma poiché all'epoca non si conoscevano né l'asimmetria materia-antimateria (che sarebbe stata scoperta tre anni dopo), né l'evaporazione dei buchi neri (scoperta nel 1974), Good si era limitato a riformulare l'ipotesi che il vuoto non è instabile. Ma, una volta appurato che questi due effetti sono presenti in natura, diventa naturale porsi in modo diverso l'interrogativo esigendo che la simmetria CPT, violata da Good nelle sue ipotesi, sia rispettata. Con questa ipotesi più naturale, la risposta, estremamente sorprendente, è che anche nel sistema dei kaoni neutri l'antigravità è proprio quel che ci vuole per spiegare l'asimmetria materia-antimateria, appunto perché introduce quel piccolo scarto fra le funzioni d'onda del kaone e dell'antikaone che consentirebbe di simulare la violazione di CP.

Eppure queste due coincidenze, per quanto sconcertanti, non bastano a scuotere la fiducia che i fisici ripongono in quell'elegantissima teoria che è la relatività generale, ben sapendo che lì la gravitazione è sempre attrattiva e mai repulsiva. Ma, come si è visto, quest'asserzione è falsa. Non mancano infatti nella relatività generale i casi (inflazione, costante cosmologica, worm hole) in cui la gravità appare repulsiva.

Dove ritroviamo le trasformazioni C, P e T

Così, studiando le regioni nelle quali la gravità è repulsiva, ci siamo resi conto che i problemi, che di primo acchito parevano redibitori, in effetti esibivano decisamente tutte le proprietà dell'antimateria. Ritorniamo allora alle trasformazioni C e T, che ci erano state utili per capire che l'antimateria poteva essere concepita come una materia che risale il tempo. Vediamo anzitutto la trasformazione T. Si può dimostrare che per risalire indietro nel tempo occorre necessariamente penetrare in regioni di gravitazione repulsiva. Per la trasformazione T, inviando lì una particella, essa sembrerà un'antiparticella, ovverosia una particella che risale il tempo.

Consideriamo adesso la trasformazione C. L'ardimentoso viaggiatore che si appresta a passare attraverso l'anello di un worm hole carico proviene da una regione nella quale la gravitazione è attrattiva e la massa centrale ha una carica Q. Nell'attraversare il worm hole, egli osserva a un tempo la carica che cambia segno e la gravitazione che diventa repulsiva. Se, ad esempio, all'inizio vedeva un elettrone, ora che ha attraversato il worm hole vede un positrone. Quello che è straordinario è che queste proprietà sono una diretta conseguenza della relatività generale di Einstein e che, pur essendo conosciute sin dalla fine degli anni sessanta, a nessuno è venuto in mente di associare all'antimateria masse negative e gravità repulsiva.

Quest'ardita interpretazione delle risoluzioni della relatività generale ha il pregio dell'economia. Si dà qui un senso fisico alle risoluzioni di energia negativa della relatività generale stessa, risoluzioni che si era cercato di nascondere sotto il tappeto e di cui non si sapeva che cosa fare da quando erano state scoperte. Questa interpretazione potrebbe, inoltre, spiegare elegantemente il mistero della piccolissima asimmetria fra materia e antimateria che si osserva solo nei mesoni neutri. Ma, anche se questa interpretazione è ancora lungi dall'essere accettata, la si può testare sperimentalmente e verificarne la corrispondenza alla realtà: possiamo così fare l'esperimento di misurazione della violazione di CP a bordo di una navetta spaziale (dove il campo gravitazionale è più debole, ma non nullo), proposta dal fisico americano Allen P. Mills, che utilizzerebbe i kaoni neutri prodotti dall'annichilazione degli antiprotoni trasportati in una bottiglia simile, come poi vedremo, a quella usata dal fisico della Harvard University Gerald Gabrielse.

Pesare un elettrone

Pesare l'antimateria è dunque estremamente importante. Ma, siccome la gravitazione è la forza più debole, per riuscire a misurare il peso di un'antiparticella occorre dominare e padroneggiare l'antimateria finché non abbia raggiunto temperature vicine allo zero assoluto.

In due saggi, che furono pubblicati nel 1967 e nel 1974 da «Physical Review Letters», William Fairbank e il suo allievo Fred Witteborn, della Stanford University, annunciarono di essere riusciti a misurare la massa gravitazionale dell'elettrone. A quell'epoca, questa misurazione pareva quasi impossibile per l'estrema debolezza della forza di gravitazione su una particella così leggera come l'elettrone. Basti pensare che la forza di gravitazione su un elettrone equivale a un campo elettrico inferiore a un diecimiliardesimo di volt per metro, mentre spesso nella vita quotidiana i campi elettrostatici sono dell'ordine di un centinaio oppure di varie migliaia di volt per metro, quando scendete dall'automobile o se calzate scarpe isolanti.

Consci dell'estrema difficoltà della misurazione che si apprestavano a realizzare, Witteborn e Fairbank avevano utilizzato un tubo metallico al fine di proteggere gli elettroni dall'influsso dei campi elettromagnetici ambientali e un catodo emettente elettroni a bassa temperatura per limitare l'agitazione dovuta alla temperatura ordinaria. In teoria, come s'impara all'università, il campo è nullo dentro un contenitore metallico chiuso (una *gabbia di Faraday*) e, anche se non è facile realizzare cavità perfettamente isolate dai campi esterni, in tal modo è possibile diminuire in maniera considerevole i campi elettrostatici.

In quel medesimo periodo di tempo, sempre alla Stanford University, Leonard Schiff e Maurice Barnhill avevano studiato il campo elettrico indotto dalla gravitazione dentro un conduttore. In effetti, gli elettroni sono meno attratti dei nuclei nel campo di gravitazione terrestre, e ciò comporta una lieve differenza nella posizione media dei nuclei rispetto agli elettroni (che, più leggeri, sono mediamente un po' più alti che se l'esperimento si svolgesse in assenza di gravità). Ciò crea un campo elettrico minuscolo, ma che permette, argomentavano Schiff e Barnhill, di compensare esattamente il campo gravitazionale esercitato dalla Terra sugli elettroni.

L'anno seguente, nel 1967, dopo molti tentativi Witteborn e Fairbank annunciarono che effettivamente era come se la forza di gravitazione fosse nulla sull'elettrone. Più esattamente, asserirono di aver misurato una forza inferiore del 10% al peso dell'elettrone, compatibile con la forza nulla annunciata da Schiff e Barnhill.

Furono in molti, tuttavia, gli scienziati che subito insorsero contro i risultati di Witteborn e Fairbank. Poco dopo la pubblicazione dei loro lavori, un gruppo di fisici – Dessler, Michel, Rorschach e Trammel – sostenne che l'effetto previsto da Schiff e Barnhill in realtà doveva essere ampiamente occultato da un campo elettrico migliaia di volte più forte. Lo schiacciamento della struttura cristallina del tubo metallico di protezione a causa della gravitazione crea, infatti, un notevole campo elettrico all'interno del tubo proprio per contrastare lo schiacciamento.

Nel corso degli anni, molte argomentazioni misero ancora più in dubbio i risultati iniziali di Witteborn e Fairbank. Timothy Darling studiò varie forze non prese in considerazione dai due autori, come le collisioni con il gas residuo nel tubo metallico o il campo elettrico dovuto alle parti cristalline del tubo, che porta a pressioni gigantesche rispetto al debole influsso della gravità sui pochi centimetri del tubo. Humphrey Maris sottolineò, infine, l'ineluttabile rumore termico dovuto alla resistenza del tubo metallico, che crea anche qui un campo aleatorio superiore a quello necessario per annullare il campo di gravitazione sull'elettrone.

Poco dopo la morte di William Fairbank, Fred Witteborn pubblicò su «Physical Review Letters» una parziale ritrattazione delle osservazioni iniziali, insistendo però sul fatto che essa non rimetteva in discussione sostanzialmente la misura della massa gravitazionale dell'elettrone. Oggi tuttavia, anche se i risultati di Witteborn e Fairbank sono ancora spesso citati, la maggior parte degli specialisti del settore li ritiene erronei, e sostiene che dipendevano da elementi indesiderabili non presi in considerazione nel dispositivo sperimentale.

Pesare un positrone

Contrariamente a quel che talvolta si legge, la misura del positrone non è mai stata realizzata. Essa è ancora più difficile da realizzare di quella dell'elettrone per la difficoltà di produrre, e salvare dall'annichilazione, dei positroni abbastanza freddi, cioè sufficientemente lenti perché la misura della gravità abbia un senso. Nel 1996, il fisico americano Allen P. Mills raccolse la sfida lanciata da Fairbank proponendo una misura ben più ambiziosa della sua. Mills, infatti, pensò di costruire un enorme tubo metallico orizzontale lungo molte decine di metri per procedere a un esperimento analogo a quello tentato da Fairbank e Witteborn, ma tenendo conto delle critiche da esso sollevate. Le grandi qualità di Mills come sperimentatore e come teorico erano così note che inducevano a prendere sul serio una proposta che, avanzata da chiunque altro, sarebbe stata considerata inaccettabile. Nel corso degli anni precedenti era riuscito a raffreddare a qualche grado kelvin dei positroni, facendoli penetrare in strati di isolante raffreddato alla temperatura dell'elio liquido. Questo risultato era assai sorprendente nella misura in cui un buon numero di positroni riuscivano a sfuggire all'annichilazione quando venivano immessi nella materia dove avrebbero dovuto scomparire.

Per attirare Mills, l'Italia era disposta a finanziare il suo esperimento, e nel 1996 fu organizzato un convegno su gravità e antimateria proprio per discutere la sua proposta, nonché l'esperimento sugli antiprotoni già in preparazione da anni al CERN di Ginevra. Durante quel convegno, riuscii con la morte nel cuore a convincere Mills che il rumore elettrico del tubo metallico – l'*effetto Johnson* legato alla resistenza del tubo usato come protezione – avrebbe reso impossibile la misurazione che meditava di realizzare. Gli argomenti che contrapponevo a Mills erano ampiamente basati sullo studio della misura, in teoria molto più facile, della gravitazione su un antiprotone, un esperimento (il PS200) che alcuni fisici di Los Alamos e del CERN, diretti da Michael Holzscheiter, già da molti anni cercavano di realizzare a Ginevra. Insieme a Daniel Estève e Michel Devorer, che in anni precedenti avevano realizzato esperimenti pilota di elettronica quantistica (o *quantronica*), e allo studente Vincent Bouchiat, avevamo studiato il modo in cui, maneggiando uno per uno gli elettroni, l'elettronica quantistica creava necessariamente di rimando sull'antiprotone un campo elettrico aleatorio che avevamo già avuto un sacco di difficoltà a ridurre, fino a renderlo paragonabile alla forza di gravitazione su questa particella di una massa quasi 2000 volte maggiore di quella dell'elettrone. L'esperimento di misurazione della massa dell'antiprotone si concluse senza aver potuto essere condotto in porto quando, all'inizio del 1997, s'interruppe al CERN l'attività del LEAR (Low Energy Antiproton Ring).

Visto che la misura dell'azione della gravitazione sulle antiparticelle cariche, come il positrone o l'antiprotone, appariva praticamente senza speranza, i fisici si sono adesso rivolti alla produzione dell'anti-idrogeno, la cui neutralità elettrica consente di affrancarsi, se non del tutto almeno in parte, dalle forze elettromagnetiche che impediscono la misurazione della gravitazione sulle particelle cariche.

5. Padroneggiare e utilizzare l'antimateria

Fabbricare l'antimateria

Quando, nel gennaio 1996, il CERN annunciò che erano stati osservati i primi atomi di anti-idrogeno, sulla stampa apparvero notizie sull'antimateria che fecero sognare più di uno scienziato. Si parlava infatti della prossima produzione di antimateria in grandi quantità e addirittura di possibili bombe di antimateria. Ma fabbricare antimateria in quantità apprezzabili è veramente difficile e costoso: nonostante le risorse del CERN e il suo accumulatore di antiprotoni – che insieme al Fermilab di Batavia (Illinois) è la più importante fonte di antiprotoni al mondo – la quantità complessiva di antimateria prodotta al CERN fin da quando fu creato non eccede il milligrammo (e anche meno, se non consideriamo l'antimateria che siamo riusciti a controllare captandola e dirigendola in un acceleratore). Indubbiamente, non più di un microgrammo in tutto, il peso di un micro-organismo. Insomma, dati gli enormi costi, se una nazione si fosse impegnata nella produzione di una bomba, anche relativamente modesta, di antimateria, sarebbe andata incontro alla bancarotta economica.

Prendiamo ad esempio la produzione di antiprotoni del CERN, che ha il più ambizioso programma mondiale di produzione di antimateria a basse energie. Per fabbricare antimateria, cioè materia che risale il tempo, bisogna colpire molto forte un bersaglio con protoni che vanno a una velocità prossima a quella della luce. Ma anche così il rendimento è misero: ogni 100 000 protoni scagliati contro il bersaglio, si ottiene a malapena un antiprotone. Questo per molti fattori: anzitutto, è molto più facile creare nella collisione particelle instabili e più leggere, come i mesoni π, e la natura non se ne priva. Inoltre, i rari antiprotoni prodotti sono difficili da raccogliere con efficacia perché non se ne controlla la direzione di emissione (fatto inevitabile dato il modo di produzione assai violento). Infine, una volta prodotti, gli antiprotoni vanno raffreddati perché la loro enorme agitazione iniziale non consente di conservarli a lungo dentro un anello di stoccaggio, e questo raffreddamento porta di nuovo a perdite non trascurabili.

La produzione di antinuclei è ancora più ardua. Per fabbricarne uno, occorre che antiprotoni e antineutroni abbiano la fortuna di essere prodotti quando sono quasi immobili perché altrimenti l'antinucleo, data la sua debole energia di legame, non riesce a formarsi e a catturare gli antinucleoni. Il maggiore successo nella fabbricazione di antinuclei arrise, alla fine degli anni settanta, a un esperimento condotto al CERN da un gruppo di scienziati franco-italiani. Il nucleo più «pesante» che si riuscì a produrre fu l'antielio, contenente due antiprotoni e un antineutrone. Come si vede, con questo sistema non si andrà molto lontano nella produzione degli elementi chimici... Ma, pur essendo scoraggiante, questo bellissimo esperimento consente di valutare il rendimento di produzione di un anticarbonio comprendente sei antiprotoni e sei antineutroni. E siccome il rendimento è dell'ordine di 10^{-50}, andrebbe riversata sul bersaglio all'incirca la massa della Terra per produrre con questo metodo qualche decina di nuclei di anticarbonio! Del resto, è proprio l'estrema difficoltà di produrre antinuclei che renderebbe tanto importante l'osservazione anche di un solo nucleo di anticarbonio nella radiazione cosmica, perché ciò significherebbe quasi necessariamente l'esistenza di un mondo di antimateria.

L'anti-idrogeno

Come si è rilevato, una nuova tappa verso la costruzione degli elementi di un mondo di antimateria fu segnata, nel dicembre 1996, dalla sintesi di una decina di atomi di anti-idrogeno. Quei pochi atomi di antimateria, sopravvissuti solo qualche miliardesimo di secondo prima di annichilarsi con la materia esterna, furono prodotti nell'anello LEAR del CERN nel corso di un esperimento diretto dal fisico tedesco Walter Oelert. Per quanto riguarda la fabbricazione degli antinuclei, quella tappa costituì un enorme passo in avanti nell'accuratezza necessaria per conservare intatti, anche soltanto per una frazione di secondo, i fragili atomi di antimateria. Mentre in un atomo di anti-idrogeno il positrone è legato all'antiprotone solo da un'energia di 13,6 elettronvolt, nell'esperimento che aveva consentito la fabbricazione degli antinuclei più leggeri gli antinucleoni erano legati da un'energia dell'ordine di una decina di MeV, ossia un milione di volte superiore all'energia di legame atomica.

Ma torniamo, appunto, all'esperimento che portò alla fabbricazione dei primi antiatomi. Gli antiprotoni che girano a gran velocità nell'anello LEAR hanno un'energia cinetica dell'ordine del GeV, ossia 100 milioni di volte maggiore della debole energia di legame fra antiprotone e positrone. Se, ad esempio, cerchiamo di produr-

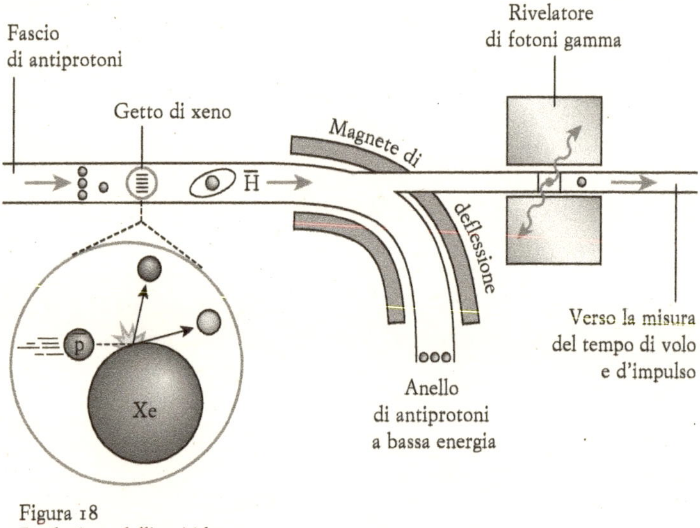

Figura 18
Produzione dell'anti-idrogeno.
La fabbricazione dei primi atomi di anti-idrogeno nell'anello LEAR del CERN è avvenuta mediante la collisione di antiprotoni contro atomi di xeno iniettati nell'acceleratore. Nel corso della collisione, l'antiprotone crea una coppia elettrone-positrone e si porta via il positrone. Allora questo atomo neutro di anti-idrogeno non è più deviato dal campo magnetico dei magneti e, proseguendo in linea retta, va ad annichilarsi in un rivelatore.

Fonte CERN (Organisation Européenne pour la Recherche Nucléaire).

re atomi di anti-idrogeno facendo passare antiprotoni di questa energia in un gas di positroni, non si forma alcun atomo. Sarebbe come se una nave spaziale cercasse di satellizzarsi intorno a un pianeta arrivando a folle velocità: impossibile catturare un positrone intorno a un antiprotone se non trovando il modo di frenarlo, cioè di fargli perdere il sovrappiù di energia cinetica che gli impedisce di satellizzarsi.

Come nel caso della nave spaziale occorre usare dei reattori ausiliari perché possa frenare e satellizzarsi, così nell'esperimento del CERN venne fatto intervenire un terzo elemento per assorbire l'energia in eccesso. Per fare questo si fece ricorso a uno stratagemma consistente nel far passare gli antiprotoni attraverso un po' d'idrogeno gassoso iniettato nel LEAR. In una collisione a forte energia con un atomo d'idrogeno, l'antiprotone può appoggiarsi sull'atomo per emettere un fotone gamma, che può subito convertirsi in una coppia elettrone-positrone; in una piccolissima percentuale dei casi, il positrone si materializzerà satellizzato intorno all'antiprotone. Inutile dire che il rendimento è ancora più deludente di quello per la produzione di antiprotoni.

Per osservare gli atomi di anti-idrogeno in tal modo prodotti, sapendo che il minimo urto con la materia li distruggerebbe, si sfrutta il fatto che sono neutri e dunque insensibili al campo magnetico che orienta la traiettoria degli antiprotoni dentro l'anello LEAR. In altre parole, gli atomi di anti-idrogeno sono le uniche particelle che continuano ad andare diritte per via della loro carica nulla. Gli atomi tanto laboriosamente creati si annichilano subito non appena incontrano l'inevitabile finestra di uscita che consente di mantenere il vuoto dentro l'acceleratore. Si sarà però fatto in tempo a verificare che due particelle (il positrone e l'antiprotone) hanno attraversato la finestra prima di disintegrarsi nei rivelatori situati a valle (fig. 18). Benché cospicua, la produzione con questa tecnica dei primi atomi di antimateria è risultata difficilmente utilizzabile dal momento che, una volta prodotti, gli atomi, essendo neutri, non possono essere né guidati né intrappolati: appena creati, si annichilano contro le pareti.

Il deceleratore di antiprotoni (AD) del CERN

Per poter studiare l'antimateria è assai importante saperla conservare per un certo periodo di tempo. E così, nel momento in cui fermò LEAR, il CERN mise in cantiere un più ambizioso progetto per la produzione di atomi «freddi» di anti-idrogeno, con una tecnica molto diversa da quella utilizzata nel 1995 da Oelert e dai suoi collaboratori. L'anello LEAR era l'unico strumento esistente al mondo ideato per decelerare, invece che accelerare, le particelle, riducendone l'energia cinetica di un fattore 200. Fermato nel 1997 per ragioni economiche, LEAR è stato sostituito da uno strumento più piccolo e specializzato, chiamato AD (Antiproton Decelerator). Immagazzinando antiprotoni a bassa temperatura, alla velocità di «soltanto» un decimo circa della velocità della luce, l'AD può eiettare gli antiprotoni che immagazzina e rallentarli ancora in maniera considerevole frenandoli attraverso una foglia di materia. Come si può facilmente immaginare, solo una parte esigua degli antiprotoni riesce a sopravvivere a questo trattamento d'urto. I pochi superstiti vengono poi catturati in un profondo pozzo di potenziale elettrico dentro un recinto di vuoto il più possibile perfetto[1] (a pressione ordinaria, un atomo subisce circa un miliardo di urti al secondo). Per raffreddarli, dato che lì gli antiprotoni hanno ancora una grande energia disordinata, gli si iniettano accanto elettroni a bassa temperatura, che non possono annichilarsi con gli antiprotoni, ma hanno la stessa carica e si possono conservare nella stessa trappola. Una volta raffreddati, a qualche milionesimo soltanto della velocità della luce, gli antiprotoni vengono maneggiati mediante campi elettrici molto più deboli, il che consente di trasferirli dentro delle «bottiglie», in attesa di essere usati dai fisici per i loro esperimenti (l'americano Gerald Gabrielse, per esempio, si portò dietro per tutti gli Stati Uniti degli antiprotoni intrappolati dentro una bottiglia del genere...)

[1] I migliori vuoti vengono realizzati in modo criogenico, con le pareti del contenitore a qualche grado kelvin. Infatti, a queste temperature, le particelle, non appena urtano la parete fredda, si trovano intrappolate in superficie. In tal modo è stato possibile conservarle per molti mesi.

Anche in condizioni assai favorevoli, in cui si riesce a far coesistere antiprotoni e positroni, la formazione di anti-idrogeno resta una grande sfida sperimentale. Riprendendo l'analogia con la nave spaziale, diciamo che come questa, di ritorno da un viaggio interplanetario, non può orbitare intorno alla Terra se non trova il modo di dissipare energia, così il positrone non può fissarsi all'antiprotone se non perde una parte della sua energia. Certo, si può anche aspettare che il positrone torni naturalmente al suo stato fondamentale emettendo dei fotoni, ma i tempi indispensabili per questa diseccitazione, essendo enormi, risultano irrealistici per fabbricare anti-idrogeno in quantità apprezzabili. Uno dei metodi attualmente sperimentati consiste nell'utilizzare, come per la fabbricazione dei primi atomi di anti-idrogeno, un terzo elemento che assorbe l'urto permettendo così la formazione dell'antiatomo. A questo scopo si può utilizzare sia un plasma così denso che la prossimità di una particella spettatrice sia moneta corrente, sia un atomo abbastanza insolito e molto instabile, il *positronio*, che è costituito da un elettrone e da un positrone orbitanti l'uno intorno all'altro, ed è agevole produrlo in abbondanza da fonti radioattive.

Con questo metodo, ad Aarhus, nel 1996 un gruppo di ricercatori danesi riuscì a dimostrare che era possibile fabbricare l'idrogeno nella reazione in cui ogni particella era sostituita dalla sua antiparticella. Allora, presso l'AD del CERN, furono avviati due esperimenti – chiamati ATHENA e ATRAP – per sperimentare e realizzare la produzione di anti-idrogeno con questo processo. Fu il progetto ATHENA, diretto dal fisico svizzero Rolf Landua, a bruciare sul tempo, all'inizio del 2003, ATRAP, diretto da Gerald Gabrielse, riuscendo a produrre, qualche settimana prima di ATRAP, all'incirca 100 000 atomi di anti-idrogeno. Rispetto alla produzione di una decina di atomi di anti-idrogeno nel 1996, i meccanismi di produzione sperimentati da ATHENA e ATRAP hanno portato non soltanto a un enorme aumento del numero di particelle prodotte, ma anche ad atomi di anti-idrogeno di energia molto più debole, e dunque molto più controllabili, di quelli prodotti nell'anello LEAR ad alta energia. Mentre la durata di vita dei primi antiatomi si riduceva a qualche miliardesimo di secondo, con gli esperimenti condotti nell'AD diventa ipotizzabile conservare una parte consistente degli atomi prodotti per il tempo sufficiente (da qualche secondo a qualche ora) a realizzare misure precise che consentano di testare la simmetria materia-antimateria in un nuovo ambito. Ma, benché infinitamente più «freddi» degli atomi prodotti nel 1995, quelli realizzati da ATHENA e ATRAP sono ancora troppo veloci perché si possano intrappolare in quantità ragionevoli nelle trappole magnetiche attualmente in uso. Infatti, dal momento che sono neutri, gli atomi necessitano di una configurazione che comprenda campi magnetici molto notevoli per essere intrappolati, e la percentuale di atomi conservati precipita praticamente a zero non appena la temperatura di produzione aumenta di qualche grado.

Per realizzare misurazioni dello spettro atomico o della gravitazione sugli atomi di anti-idrogeno è dunque fondamentale riuscire a produrli alla più bassa temperatura possibile. Questo è l'intento che si è ripromesso il progetto ATRAP, accogliendo una proposta di Theodor Hänsch, premio Nobel per la fisica nel 2005. Per produrre atomi di anti-idrogeno nettamente più freddi di quelli prodotti nel 2003 da ATHENA e ATRAP, la tecnica suggerita da Hänsch consiste nel fabbricare lo *ione*, costituito da un antiprotone e due positroni. Nel nostro mondo di materia, l'equivalente dello ione è stabile benché fragile, ed è costituito da un protone e due elettroni orbitanti intorno a lui. Una volta fabbricati gli ioni, è possibile raffreddarli, dal momento che sono carichi, mettendoli in contatto elettromagnetico con circuiti elettronici a bassissima temperatura. Dopo averli raffreddati fino a una temperatura che consenta la cattura dell'atomo o la misurazione della gravità, si stacca con un impulso laser orizzontale (che non cambia la velocità verticale dello ione) uno dei due positroni, e ci si ritrova con un anti-idrogeno che adesso ha una velocità abbastanza debole da essere utilizzabile. Questo metodo di produzione, che è in corso di studio presso ATHENA, ATRAP e qualche laboratorio esterno, necessita di fonti estremamente abbondanti di positroni, che per il momento non siamo in grado di realizzare. I fisici hanno dunque ideato nuove tecniche di produzione ricorrendo a miniacceleratori quasi portatili che consentano di creare fonti di positroni migliaia di volte più copiose di quelle attuali.

Sarebbe tuttavia un po' ingenuo pensare che domani potremo andare a fare il pieno di anti-idrogeno come carburante dal rendimento ottimale. È evidente infatti che, con i ritmi attuali di produzione, per ottenere un litro di anti-idrogeno, contenente all'incirca 10^{22} atomi, occorrerebbe un tempo più o meno lungo come l'età dell'universo... Nonostante questo, il rapido incremento dei livelli di produzione fa presagire che tra qualche anno sarà possibile misurare la gravitazione su atomi di anti-idrogeno.

A cosa serve l'antimateria?

In attesa dei progressi delle tecniche di produzione dell'antimateria, la società civile chiede spesso ai fisici se le loro ricerche in questo campo abbiano delle applicazioni. Negli ambiti della fisica fondamentale, come la fisica delle particelle o l'astrofisica, la preoccupazione principale è, al momento, la ricerca di una migliore comprensione dell'universo. Le applicazioni, spesso del tutto inattese, compaiono successivamente alla luce delle conoscenze acquisite. Quando vennero scoperti, chi avrebbe mai immaginato, ad esempio, che i lavori alquanto esoterici di Einstein sull'energia di massa (la famosa formula $E=mc^2$) potessero portare un giorno alla padronanza e all'utilizzazione dell'energia nucleare, o che le curiose proprietà quantistiche degli elettroni chiusi dentro una scatola studiati da Fermi si sarebbero rivelate necessarie alla comprensione dei semiconduttori?

Si prospettano già applicazioni derivanti dai lavori sull'antimateria? Nel corso di recenti conferenze dedicate alla fisica dell'antiprotone e dell'anti-idrogeno (per adesso i fisici non osano vagheggiare antiatomi più complessi), sono state proposte numerose applicazioni, alcune delle quali potrebbero essere realizzate nei prossimi anni. Si parla ad esempio del trattamento di determinati tumori mediante fasci di antiprotoni. Parecchi istituti, inizialmente a titolo sperimentale e successivamente come terapia corrente, hanno già utilizzato fasci di protoni a bassa energia, fortemente ionizzanti, per irradiare i tumori maligni e cercare di dare all'organismo un apporto decisivo nella lotta contro le cellule proliferanti. Uno dei maggiori problemi in questo tipo di terapia dipende dal fatto che non sappiamo individuare in tempo reale, cioè durante l'irradiazione, se essa venga effettuata nel punto esatto. Accorgersi subito se un paziente si sposta leggermente è quasi sempre impossibile, e ciò evidentemente può avere conseguenze drammatiche. Se però si utilizza un fascio di antiprotoni di debole intensità, si riesce a reagire istantaneamente. In effetti, non appena fermi, gli antiprotoni sono catturati dai nuclei e si annichilano. Questa annichilazione produce in genere varie particelle, fra cui dei pioni, che spesso possono sfuggire dal corpo del paziente. Analizzando i prodotti dell'annichilazione, si può rintracciare il punto da cui sono fuoriusciti, determinando così se è il tumore o un organo vitale adiacente quello che si sta irradiando. Con le moderne tecniche di trattamento dei dati, è possibile reagire in meno di un millisecondo all'eventuale movimento del paziente.

Un'altra applicazione di questo genere, la telecamera a positroni, è stata proposta e messa in opera qualche anno fa dal premio Nobel per la fisica nel 1992, il francese Georges Charpak. In tal caso, si inietta al paziente, a piccole dosi, una soluzione contenente un elemento radioattivo che si disintegra creando un positrone. Particella di antimateria in un oceano di materia, il positrone si annichilerà in due fotoni, ognuno dei quali con un'energia pari all'energia di massa di un elettrone (all'incirca 0,5 MeV). Individuando quei due fotoni, si potrà localizzare la parte del corpo dove si è verificata l'annichilazione. Usando questi prodotti «evidenziatori», in modo che siano fissati preferibilmente da certi tessuti, si possono fare radiografie, con dosi d'irradiazione nettamente inferiori a quelle delle normali radiografie, che mostrano direttamente il metabolismo delle sostanze in questione.

Ma se è vero che la medicina nucleare può fabbricare sostanze che emettono positroni, è altrettanto vero che la produzione di antiprotoni, 2000 volte più pesanti, necessita di acceleratori costosi e di grosse dimensioni. I fisici hanno dunque pensato di stoccare gli antiprotoni in bottiglie magnetiche per poterli trasportare e usare, ad esempio, in un ospedale a fini radioterapeutici. In queste bottiglie, dove il vuoto è tenuto a un valore estremamente basso dalla bassissima temperatura delle pareti che «intrappolano» tutti gli atomi presenti, gli antiprotoni riescono a sopravvivere anche per mesi. La University of Pennsylvania di Filadelfia ha ideato un prototipo di trappola destinato appunto a questo tipo di applicazioni mediche. Attualmente si possono già stoccare molti milioni di antiprotoni nelle trappole magnetiche, ma nel prossimo futuro si prevede di costruirne dei modelli in grado di contenere oltre 10 miliardi di antiprotoni.

Lo stoccaggio di quantità relativamente grandi di antimateria, sotto forma di atomi neutri al fine di evitare la repulsione elettrica fra le antiparticelle, è un problema che interessa già alcune società tedesche e americane che si occupano di propulsione spaziale, anche se chiaramente siamo a un livello di studi ancora preliminare. Insomma, non siamo ancora arrivati all'epoca di *Star Trek*, con la nave spaziale Enterprise alimentata (a una velocità superiore a quella della luce!) da un reattore ad antimateria. Anche se pare che un simile tipo di propulsione apparterrà ancora a lungo alla fantascienza, il problema del peso del carburante nei viaggi spaziali sta diventando così cruciale nel caso di tragitti molto lunghi che l'antimateria, nonostante il suo proibitivo costo di produzione, potrebbe rappresentare l'unica soluzione grazie al suo rendimento energetico ottimale. Pur essendo probabilmente ancora lontani molte centinaia di anni dalla realizzazione di tali progetti, alcuni ricercatori, come Greg Smith della University of Pennsylvania, pensano già a come costruire un propulsore ad antimateria, anche se è difficilissimo realizzare questi progetti con le scarsissime quantità di antimateria che oggi riusciamo a produrre.

Inoltre, se si arrivasse a fabbricare quantità di antimateria superiori al grammo, bisognerebbe preoccuparsi seriamente di tenere questa porzione di antimateria ben lontana dalla materia ordinaria, perché l'energia sprigionata dal suo annichilamento con una pari quantità di materia equivarrebbe a una bomba di circa 20 chilotoni di esplosivo, di potenza più o meno analoga a quella sganciata su Hiroshima. Del resto, c'è un episodio di *Star Trek* che rappresenta proprio in questa maniera il «suicidio» dell'Enterprise al fine di distruggere i nemici saliti a bordo. Ma ritorniamo al nostro grammo di antimateria. Il Jet Propulsion Laboratory della NASA di Pasadena (California) ha dimostrato di poterlo conservare con un sistema di levitazione: lo si carica elettricamente (ma non manualmente: le cariche infatti vengono staccate col laser) tenendone fissa la posizione mediante un campo elettrico. Non ci resta che sperare che quando questo sistema di levitazione sarà applicato nei viaggi interplanetari, nessun errore di programmazione o difetto di alimentazione metta prematuramente fine ai vascelli spaziali e ai loro equipaggi.

La speranza di una completa conversione in energia

Come si vede, abbiamo ancora le idee poco chiare su come potremo utilizzare in futuro l'antimateria. Le poche applicazioni che abbiamo menzionato saranno indubbiamente considerate del tutto desuete o irrealistiche fra qualche anno. Ma forse si verificherà una situazione analoga a quella degli acceleratori di particelle (i quali, ricordiamolo, producono materia e antimateria), che fino a tempi recenti erano ritenuti perfettamente inutili al di fuori della ricerca di base. Negli ultimi anni, molti gruppi di fisici, fra i quali quello del premio Nobel Carlo Rubbia, hanno studiato la possibilità di realizzare reattori nucleari di sicuro funzionamento (la reazione nucleare si bloccherebbe all'istante non appena interrotto il fascio di particelle) e insieme non proliferanti (cioè difficili da impiegare per scopi militari).[2] Ciò consentirebbe di utilizzare enormi riserve naturali di torio, un elemento fissile disponibile sulla Terra in quantità ben più cospicue di quelle dell'uranio, garantendo così all'umanità un centinaio di migliaia di anni di tranquillità energetica.

L'annuncio da parte del CERN della messa in funzione dell'Antiproton Decelerator (AD) alimentò qualche ardita speculazione in merito alle possibili utilizzazioni finali dell'antimateria. Ricordiamoci che, mentre un carburante nucleare classico converte soltanto una minima frazione della sua massa in energia, quando s'incontrano materia e antimateria il rendimento di produzione di energia è ottimale perché la conversione in energia è totale. Se la produzione diretta di antimateria non pare oggi realistica è per le ragioni delineate nel paragrafo *Fabbricare l'antimateria*, a inizio capitolo.

Ma se il nostro scopo è quello di fabbricare energia nel modo più efficace possibile, potrebbe essere molto più redditizio, invece di cercare di produrre direttamente l'antimateria, avviare uno di quei meccanismi di trasformazione che, come si è visto, permettono alla materia di trasformarsi in antimateria.

[2] Questa filiera del torio, che garantirebbe una copiosa produzione di energia, non è ancora all'ordine del giorno. Lo smantellamento di gran parte delle armi nucleari dell'ex blocco sovietico ha infatti causato una temporanea diminuzione del costo dell'uranio e del plutonio arricchiti. La filiera del torio verrà probabilmente avviata solo dopo i reattori autofertilizzanti, che sembrano imporsi in seguito all'esaurimento delle risorse di uranio, previsto entro qualche decina di anni.

Sappiamo dal Capitolo 3 che il primo passo consiste nell'unificazione delle forze fondamentali. Purtroppo questa trasformazione sembra debba passare attraverso una forma energeticamente assai costosa – ad esempio i bosoni messaggeri X e Y della grande unificazione – che (per fortuna della nostra sopravvivenza) rallenta considerevolmente il processo di disintegrazione. Il meccanismo ideato dal fisico russo Valerij Rubakov, che utilizza il monopolo magnetico per catalizzare e accelerare in modo fantastico il passaggio fra materia e antimateria, rivela allora tutto il suo interesse perché, come si è già visto, una massa anche di qualche grammo di monopoli magnetici permetterebbe di fornire elettricità e riscaldamento a una città di medie dimensioni. L'enorme vantaggio di un simile catalizzatore è che non si degrada durante la reazione di catalisi e lo si può quindi riutilizzare all'infinito. Ecco perché la comprensione dei meccanismi di unificazione delle tre forze (elettromagnetica, debole e forte) dipende proprio dalla possibilità di realizzare una completa combustione della materia e da potenziali applicazioni che oggi appaiono assai remote, ma che potrebbero avere notevole importanza pratica.

Un secondo esempio di conversione totale della materia in energia lo fornisce, come pure abbiamo visto, l'emissione termica dei buchi neri di debole massa. Abbiamo descritto il modo in cui Jacob Bekenstein aveva intuito che le leggi di evoluzione dei buchi neri non solo presentavano analogie con quelle della termodinamica, ma erano *realmente* dei sistemi termici, capaci quindi di emettere energia. Quella che all'inizio poteva sembrare una mera curiosità intellettuale in un avvenire che immaginiamo abbastanza lontano potrebbe avere applicazioni di enorme importanza. Come abbiamo infatti osservato, se riuscissimo a far sprofondare per effetto della sua gravità un oggetto delle dimensioni di una montagna, un buco nero di tale massa emetterebbe una radiazione termica estremamente intensa, della potenza di parecchi gigawatt, e non produrrebbe scorie nucleari perché si tratta di raggi gamma. Questa potenza, equivalente a quella di una decina di centrali nucleari, sarebbe emessa finché il mini buco nero non si consumasse, dopo un tempo ben più lungo dell'età attuale dell'universo, cioè ben oltre la vita della specie umana!

Attualmente non disponiamo ancora di una conoscenza completa e soddisfacente dell'origine della massa delle particelle, né sappiamo determinare se ciò che chiamiamo «vuoto», essendo metastabile, celi in realtà una fonte di energia praticamente infinita. Comprendere queste nozioni di energia del vuoto e di generazione delle masse costituisce appunto uno dei principali obiettivi della fisica subnucleare.

La conoscenza, per il momento ampiamente elementare, che ci offre lo studio dell'antimateria contribuirà senza dubbio a fornire all'umanità nuovi strumenti per agire sulla natura. Auguriamoci che se ne faccia buon uso, vista la violenza che contraddistingue l'incontro fra il mondo della materia e quello dell'antimateria...

Bibliografia

Baton J.-P. e Cohen-Tannoudji G.

1989 *L'horizon des particules: complexité et élémentarité dans l'univers quantique*, Gallimard, Paris.

Cohen-Tannoudji G. e Spiro M.

1990 *La matière-espace-temps: la logique des particules élémentaires*, Gallimard, Paris.

Crozon M.

1987 *La matière première: la recherche des particules fondamentales et de leurs interactions*, Seuil, Paris.

Davies P.

1989 (a cura di), *The New Physics*, Cambridge University Press, Cambridge; trad. it. *La Nuova Fisica*, Bollati Boringhieri, Torino 1992.

Forward R. L. e Davies J.

1988 *Mirror Matter: Pioneering Antimatter Physics*, Wiley, New York; ristampa per Backinprint.com, 2001.

Frazer G.

2002 *Antimatter: The Ultimate Mirror*, Cambridge University Press, Cambridge.

Gardner M.

1980 *The Ambidextrous Universe: Mirror Asymmetry and Time-Reversed Worlds*, Dover, Mineola; trad. it. *L'universo ambidestro. Nel mondo degli specchi, delle asimmetrie, delle inversioni temporali*, Zanichelli, Bologna 1984.

Hawking S.

1988 *A Brief History of Time: From the Big Bang to Black Holes*, Bantam, New York; trad. it. *Dal Big Bang ai buchi neri. Breve storia del tempo*, Rizzoli, Milano 1988.

Jacob M.

2001 *Au cœur de la matière: la physique des particules élémentaires*, Odile Jacob, Paris.

Kaufmann W.

1980 *Black Holes and Warped Spacetime*, Bantam, New York.

Luminet J.-P.

1992 *Les trous noirs*, Seuil, Paris.

Peebles P. J. E.

1993 *Principles of Physical Cosmology*, Princeton University Press, Princeton.

Peter P. e Uzan J.-P.

2005 *Cosmologie primordiale*, Belin, Paris.

Rich J.

2001 *Fundamentals of Cosmology*, Springer, New York.

Salam A.

1990 *Unification of Fundamental Forces: The First of the 1988 Dirac Memorial Lectures*, Cambridge University Press, Cambridge.

Thorne K.

1995 *Black Holes and Time Warps: Einstein's Outrageous Legacy*, Norton, New York.

Thuan T. X.

1991 *La mélodie secrète: et l'homme créa l'univers*, Gallimard, Paris.

Weinberg S.

1977 *The First Three Minutes: A Modern View of the Origin of the Universe*, Bantam, New York; trad. it. *I primi tre minuti. L'affascinante storia dell'Origine dell'Universo*, Mondadori, Milano 1986.

1983 *The Discovery of Subatomic Particles*, Penguin, London; trad. it. *La scoperta delle particelle subatomiche*, Zanichelli, Bologna 1986.

Glossario

BIG BANG è ormai comunemente accettato che l'universo originario aveva una densità assai superiore a quella oggi riscontrabile. La teoria della relatività generale pare anche implicare che tale densità fosse infinita in quel singolare inizio del tempo e dello spazio denominato *Big Bang*.

BUCO NERO con questa espressione si indica un corpo così denso che neanche la luce riesce a fuoriuscirne. Ci sono buone ragioni per ritenere che le stelle massicce finiscano spesso la loro esistenza sotto forma di buchi neri. La meccanica quantistica dimostra che in realtà i buchi neri non sono del tutto tali perché emettono una radiazione termica, in generale debolissima.

ELETTRONI sono i leptoni più leggeri che, con carica elettrica negativa (opposta a quella dei protoni), permettono alla materia ordinaria di organizzarsi in atomi neutri. A quanto si sa, sono particelle elementari, cioè senza sottostruttura.

FOTONI sono i messaggeri dell'interazione elettromagnetica. Avendo quasi di sicuro massa nulla, la portata dell'interazione elettromagnetica è infinita. Quando il fotone ha un'energia dell'ordine dell'elettronvolt (eV), è visibile. La sua energia, proporzionale alla sua frequenza, esplora tutta la gamma delle energie.

GRAVITAZIONE fu Newton il primo che formalizzò le leggi dell'attrazione universale fra i corpi e descrisse con successo i movimenti dei pianeti del sistema solare in termini di forze d'attrazione universale. Noi oggi, in base alla teoria della relatività generale di Einstein, definiamo la gravitazione una curvatura dello spazio-tempo.

INSTABILITÀ DEL VUOTO nella meccanica quantistica, il vuoto è tale solo di nome. In realtà, può essere considerato un ambiente nel quale coppie virtuali particella-antiparticella cercano perennemente di diventare reali. Talora, in presenza di un campo elettrico o gravitazionale, il passaggio all'esistenza è reso possibile, come nel caso dell'evaporazione dei buchi neri. Alquanto impropriamente, si parla allora di «instabilità» del vuoto.

INTERAZIONI attualmente sono quattro le interazioni fra i costituenti della materia: quella elettromagnetica, che ci è familiare; quella debole, che governa in particolare certe disintegrazioni nei nuclei; quella forte, che orienta le forze fra i quark nei nucleoni; infine quella gravitazionale, che ci ricorda costantemente il nostro peso. Come sappiamo, le interazioni debole ed elettromagnetica sono due facce di una stessa interazione elettrodebole, e ad altissima energia anche l'interazione forte si allea con le altre due. L'interazione gravitazionale, invece, è più enigmatica e finora non si è riusciti a unificarla in maniera convincente con le altre tre.

KAONE fa parte della famiglia dei mesoni, ed è costituito da un quark e da un antiquark. Siccome uno dei quark è della prima famiglia e l'altro della seconda, il kaone ha vita breve, anche se l'interazione debole gli permette di sopravvivere qualche decina di miliardesimo di secondo. Grazie allo studio della disintegrazione dei kaoni, sono state evidenziate le violazioni della parità P e della simmetria CP.

LEGGI DI CONSERVAZIONE queste leggi, che in generale appaiono associate a simmetrie rispettate dalla natura, consentono di costruire grandezze quali l'energia, la carica o l'impulso, che sono conservate per sistemi isolati.

LEPTONI al pari dei quark, i leptoni sono raggruppati in tre famiglie, ognuna dotata di una particella carica elettricamente (l'elettrone per la famiglia più leggera) e una particella neutra e di massa (il neutrino), che, come adesso sappiamo, non è nulla, però è molto debole. Entrambe le particelle sono sottoposte all'interazione debole. Resta misteriosa la ragione per la quale le famiglie dei leptoni sono tre.

MASSA GRAVITAZIONALE è la forza necessaria per mantenere un corpo immobile in un campo di gravità campione. L'esperienza comune ci insegna che in generale la gravitazione è attrattiva e la massa gravitazionale positiva, ma la teoria non esclude che i corpi possano esercitare forze gravitazionali repulsive e avere una massa gravitazionale negativa. La massa inerziale è la forza di resistenza che un corpo esercita quando viene sottoposto a un'accelerazione campione. La celebre formula $E=mc^2$ significa anche che l'energia necessaria per fabbricare un corpo è proporzionale alla sua massa inerziale.

MECCANICA CLASSICA ideata da Newton, descrive il movimento dei corpi in termini di forze esercitantisi fra essi. Contrariamente alla meccanica quantistica, attribuisce a ciascun oggetto una posizione e una velocità perfettamente definite. La validità della meccanica classica, che non conosce velocità limite, presuppone che le velocità siano inferiori a quella della luce.

MECCANICA QUANTISTICA elaborata all'inizio del XX secolo, riconosce che è impossibile parlare simultaneamente della posizione e della velocità di un corpo con precisione infinita. Si rientra nel campo della meccanica quantistica quando l'azione, prodotta da un impulso a distanza, diventa dell'ordine della costante di Planck h.

MESONE π (O PIONE) il mesone π è composto da un quark e un antiquark della prima famiglia. Avendo debole massa (circa un settimo di quella di un protone o di un neutrone), viene abbondantemente prodotto nelle interazioni fra particelle.

NEUTRINO è un leptone con carica elettrica nulla. Poiché interagisce solo per interazione debole, questo spiega perché, ad esempio, un neutrino proveniente dal centro del Sole ha una possibilità su un miliardo di interagire con la Terra quando l'attraversa. Come nel caso dei quark, esistono tre famiglie di neutrini dotati di una massa molto debole o nulla.

NEUTRONE costituito, come il protone, da tre quark della prima famiglia, impiega circa un quarto d'ora, una volta sprigionato, per disintegrarsi in un protone, un elettrone e un antineutrino. Come dichiara il suo nome, è elettricamente neutro.

NUMERO BARIONICO è una «carica di materia», analoga alla carica elettrica. La sua utilità dipende dal fatto che in linea generale la materia nucleare è molto stabile. In particolare, si attribuisce una carica barionica campione al protone e al neutrone, e una carica −1 all'antiprotone e all'antineutrone. Le particelle prive di quark, o che ne possiedono in quantità uguale agli antiquark, hanno un numero barionico nullo.

NUMERO LEPTONICO analogamente al numero barionico, si attribuisce una «carica» leptonica campione all'elettrone e al suo neutrino e una carica −1 alle loro antiparticelle (positrone e antineutrino). Salvo forse ad altissima energia, il numero leptonico, come del resto quello barionico, pare si conservi con estrema precisione.

POSITRONE scoperto nel 1932 dal fisico americano Carl D. Anderson, è l'antiparticella associata all'elettrone. Ha carica opposta a questo e massa identica. Si annichila con l'elettrone emettendo due o più fotoni gamma.

PROTONE nucleo dell'idrogeno leggero, è costituito da tre quark della prima famiglia e ha una carica elettrica opposta a quella dell'elettrone. Siccome non esiste una famiglia di quark più leggera, il protone è estremamente stabile, anche se si sospetta che si disintegri a un ritmo particolarmente debole.

QUARK al pari dei leptoni, sono raggruppati in tre famiglie. Ognuna delle quali ne contiene due. Quelli della prima famiglia costituiscono il cuore dei nucleoni (protone e neutrone). Grazie ai gluoni, i quark sono uniti fra loro in maniera così forte a bassa energia che non appaiono mai isolati ma sempre aggregati (ad esempio, protone e neutrone sono costituiti da tre quark; il mesone π da un quark e un antiquark).

RAGGI COSMICI denominiamo così le particelle che viaggiano nello spazio intersiderale. Quelle dirette verso la Terra si schiantano contro gli alti strati dell'atmosfera. Si tratta principalmente di elettroni, positroni, protoni e nuclei. Questi raggi cosmici possono essere accelerati fino a raggiungere energie enormi, di molti joule per particella.

RAGGI GAMMA vengono così definiti i fotoni con un'energia dell'ordine del megaelettonvolt (MeV) o maggiore. Si osservano, ad esempio, in certe reazioni nucleari o nell'annichilazione fra materia e antimateria.

RELATIVITÀ formulata da Albert Einstein all'inizio del XX secolo, la teoria della relatività ristretta ha dimostrato che le nozioni di tempo e spazio sono indissolubilmente legate fra loro e relative all'osservatore. Si può però costruire uno spaziotempo a partire dai segnali luminosi e dalla velocità della luce, che è uguale per tutti gli osservatori. Descrivendo la gravitazione come una curvatura dello spaziotempo, Einstein formulò poi la teoria della relatività generale, che è la teoria relativista della gravitazione. Nonostante i notevoli sforzi, resta ancora da realizzare il connubio fra relatività generale e meccanica quantistica.

SPAZIOTEMPO può sembrare naturale descrivere il nostro ambiente come uno spazio tridimensionale, ma la teoria della relatività ci insegna che il contesto che definisce in maniera esaustiva le coordinate di un evento è lo spaziotempo quadridimensionale (tre dimensioni spaziali e una temporale).

SUPERNOVAE le stelle passano attraverso molteplici fasi di combustione nucleare man mano che bruciano gli elementi più pesanti prodotti nelle fasi precedenti. Quando si tratta di una stella massiccia, la combustione non le consente più di reggere il suo peso. Allora termina la sua esistenza come supernova, in un catastrofico sprofondamento nel corso del quale, per un breve periodo, raggiunge una luminosità pari a quella di un'intera galassia.

WORM HOLES queste «scorciatoie» dello spaziotempo emergono nella teoria della relatività generale se vi si ammettono masse negative. Siccome consentirebbero di viaggiare a velocità superiori a quella della luce e di risalire nel tempo, i worm holes sono indubbiamente soppressi dalla natura a livello macroscopico, ma sono importanti per capire la gravitazione.

Indice analitico

Saggi Tascabili Bollati Boringhieri

Christophe Galfard

L'universo a portata di mano

In viaggio attraverso la fisica dello spazio e del tempo

Immaginate di essere fatti di pura coscienza, senza corpo, e di essere in grado di spostarvi a velocità vertiginose nello spazio immenso e profondo, capaci di miniaturizzarvi per immergervi dentro al mondo brulicante di un nucleo atomico, o di diventare enormi per tuffarvi a capofitto proprio dentro a un buco nero. Immaginate di essere proprio lì, a toccare fisicamente tutte quelle cose così affascinanti che nei libri di fisica vengono spesso descritte in termini un po' asettici e talvolta decisamente difficili. Ma questa volta capite tutto, perché non vi stanno solo descrivendo l'universo: lo state proprio toccando con mano.

Con una prosa mozzafiato – metà racconto metà fisica teorica –, Christophe Galfard vi farà volare direttamente sulla superficie del Sole, nei meandri di una galassia, alle origini del Big Bang e dentro un buco nero, dove tempo, spazio, materia e energia – e ogni altra abituale categoria della fisica, di cui Galfard è uno degli interpreti più brillanti – si confondono.

Questo libro straordinario ci fa comprendere – per la prima volta così chiaramente – le più strane e sconcertanti verità della scienza, senza disdegnare di soffermarsi lungo il cammino sulle questioni che queste scoperte hanno rimesso in discussione, dall'esistenza di Dio, all'origine del tempo, al futuro stesso dell'umanità.

L'universo a portata di mano è un'opera che si legge come un romanzo, solo che racconta la vera, incredibile, grandiosa avventura del cosmo e della fisica.

Bollati Boringhieri

Saggi Tascabili Bollati Boringhieri

George G. Szpiro

La matematica della democrazia

Voti, seggi e parlamenti da Platone ai giorni nostri

«Qual è il candidato che il popolo ha scelto?» La domanda è semplice, ma la risposta non lo è per niente. Fin dalla nascita della democrazia, nella Grecia di 2500 anni fa, ci si è accorti che la distribuzione dei voti e dei delegati di un'assemblea è un problema matematico che in molti casi può portare a soluzioni paradossali. Gestire in maniera «assolutamente giusta» il meccanismo di voto è stato per secoli – e lo è ancora – un problema senza soluzione. Da Platone a Plinio, da Llull a Laplace, Condorcet, Jefferson, von Neumann, Arrow: in tutte le epoche e in ogni tipo di democrazia le menti più raffinate si sono dedicate a risolvere il problema di stabilire in maniera corretta «chi ha vinto»; ma la soluzione si è dimostrata elusiva. Che si scelga il proporzionale puro, il maggioritario con correzioni o qualche altro sistema tra i moltissimi ormai inventati, c'è sempre modo di distorcere il risultato o di arrivare a un vero e proprio paradosso inaggirabile, dove non vince nessuno, vincono tutti o è di fatto impossibile distribuire i seggi equamente. Attraverso esempi storici e spiegazioni matematiche – rese con invidiabile chiarezza –, George Szpiro illustra la storia di questo rompicapo, i personaggi che hanno preso parte al dibattito e le raffinate insidie della matematica della democrazia. D'altra parte è dimostrato che i paradossi sono inevitabili e che ogni meccanismo di voto presenta delle incongruenze e può essere manipolato. Salvo uno, certo, ma si chiama dittatura.

Bollati Boringhieri

Saggi Tascabili Bollati Boringhieri

Aron Jakovlevič Gurevič

Le categorie della cultura medievale

A cura di Clara Castelli

In questo classico della storiografia la cultura medievale è interpretata in prospettiva socioantropologica, secondo alcune categorie fondamentali: lo spazio e il tempo, il diritto come principio d'ordine del mondo, il lavoro, la ricchezza, la proprietà, la persona umana.
L'analisi condotta da Gurevič è però rivolta non tanto alla «sovrastruttura» ideologica che ha la sua base nella «struttura» economico-sociale del Medioevo, quanto alle idee sul mondo di cui gli uomini del tempo non sempre erano chiaramente consapevoli e che sfuggivano perciò a una completa ideologizzazione.
L'uomo medievale è finalmente qui ritratto nei suoi rapporti concreti e quotidiani con l'ambiente fisico e sociale che lo circonda, mostrando come riconoscesse in esso un principio regolatore centrale.

Bollati Boringhieri

Saggi Tascabili Bollati Boringhieri

Frank Close

Teorie del tutto

Cos'è una teoria del tutto? Frank Close è chiaro: «Una teoria che si basa sugli studi in ogni campo rilevante del sapere attuale – fisica, astronomia, matematica – per cercare di spiegare tutto ciò che sappiamo a oggi dell'universo».
È così che in questo breve e compatto libro inizia il viaggio attraverso le più note teorie del tutto: dall'universo – meccanismo perfetto – di Isaac Newton, al *Sistema del mondo* di Pierre-Simon de Laplace, dall'unificazione delle leggi dell'elettricità e del magnetismo, ad opera di James Clerk Maxwell – che fece baluginare la quasi-fine dell'indagine sul mondo –, fino alla spiegazione meccanica alla base della termodinamica che sembrò, davvero, permetterci di spiegare ogni cosa – il calore, la luce, la materia. E ancora le più recenti strade battute dai fisici: dalle superstringhe (rese popolari da Brian Greene) alla *quantum loop gravity* (resa popolare da Carlo Rovelli), e il Multiverso (di Max Tegmark), la materia oscura e molte altre strane cose. Ogni volta che ci sembra di averlo compreso, il tutto si sposta, scarta di lato, spalanca alla vista intere regioni inesplorate di cui non si sospettava neppure l'esistenza.

Bollati Boringhieri

Saggi Tascabili Bollati Boringhieri

Paul G. Falkowski

I motori della vita

Come i microbi hanno reso la terra abitabile

Per quattro miliardi di anni la Terra è stata abitata solamente dai microbi. Nel brodo primordiale non c'era altro, e il nostro pianeta, in tutto quel lungo periodo, era molto diverso dal luogo caldo e ospitale che conosciamo oggi. Per un lungo, lunghissimo periodo di tempo i microrganismi hanno svolto il loro meticoloso, ostinato, instancabile lavorìo biochimico grazie alle loro sofisticatissime nanomacchine biologiche, trasformando radicalmente in milioni di anni la composizione chimica del pianeta e rendendo in questo modo la Terra abitabile anche per le altre forme di vita, esseri umani compresi.

I motori della vita è il libro che ci racconta come sia potuta accadere questa improbabile meraviglia e ci mostra come, ancora oggi, senza i microbi la vita sarebbe del tutto impossibile.

I microrganismi sono gli autentici «edificatori» della Terra. È all'interno degli apparati citoplasmatici di queste creature che avvengono i passaggi cruciali che permettono a tutto il mondo vivente di continuare il proprio cammino nel mondo, tanto che per potersi evolvere gli organismi superiori sono stati costretti a inglobare nelle loro cellule proprio questi piccoli miracoli di efficienza biologica, in una simbiosi vincente che dura ormai da centinaia di milioni di anni.

Falkowski ci svela così che tutti noi, in fondo, non siamo altro che un agglomerato evoluto di microbi, e lo fa muovendosi in questo mondo con un umorismo e una competenza incredibili, raccontando con voce felice l'evoluzione da un punto di vista originale e inusuale.

Bollati Boringhieri